建筑设计要素丛书

建筑庭院

Building Courtyard

李 珂 张亚飞 编著

中国建筑工业出版社

图书在版编目（CIP）数据

建筑庭院 = Building Courtyard／李珂，张亚飞编
著 . —北京：中国建筑工业出版社，2021.7
　（建筑设计要素丛书）
　ISBN 978-7-112-26118-5

Ⅰ.①建… Ⅱ.①李…②张… Ⅲ.①庭院—园林设
计 Ⅳ.①TU986.2

中国版本图书馆CIP数据核字（2021）第079231号

责任编辑：唐　旭　吴　绫
文字编辑：李东禧　孙　硕
书籍设计：锋尚设计
责任校对：焦　乐

建筑设计要素丛书
建筑庭院
Building Courtyard
李　珂　张亚飞　编著
*
中国建筑工业出版社出版、发行（北京海淀三里河路9号）
各地新华书店、建筑书店经销
北京锋尚制版有限公司制版
北京中科印刷有限公司印刷
*
开本：787 毫米×1092 毫米　1/16　印张：13½　字数：291 千字
2022 年 8 月第一版　2022 年 8 月第一次印刷
定价：52.00 元
ISBN 978-7-112-26118-5
　（37691）

◈ 总序

何为建筑？

何为建筑设计？

这些建筑的基本问题和思考，不同的建筑师有着不同的体会和答案。

就建筑形式和构成而言，建筑是由多个要素构成的空间实体，建筑设计就是对相关要素的组合，所谓设计能力亦是对建筑要素的组合能力。

那么，何为建筑要素？

建筑要素是个大的范畴和体系，有主从之分和相互交叉。本丛书结合已建成的优秀案例，选取九个要素，即建筑中庭、建筑入口、建筑庭院、建筑外墙、建筑细部、建筑楼梯、外部环境、绿色建筑和自然要素，图文并茂地进行分析、总结，意在论述各要素的形成、类型、特点和方法，从设计要素方面切入设计过程，给建筑学以及相关专业的学生在高年级学习和毕业设计时作为参考书，成为设计人员的设计资料。

我们在教学和设计实践中往往遇到类似的问题，如有一个好的想法或构思，但方案继续深化，就会遇到诸如"外墙如何开窗？入口形态和建筑细部如何处理？建筑与外部环境如何融合？建筑中庭或庭院在功能和形式上如何组织？"等具体的设计问题；再如，一年级学生在建筑初步中所做的空间构成，非常丰富而富有想象力，但到了高年级，一结合功能、环境和具体的设计要求就会显得无所适从，不少同学就会出现一强调功能就是矩形平面，一讲造型丰富就用曲线这样的极端现象。本丛书就像一本"字典"，对不同要素的建筑"语言"进行了总结和展示，可启发设计者的灵感，犹如一把实用的小刀，帮助建筑设计师游刃有余地处理建筑设计中各要素之间的关联，更好地完成建筑设计创作，亦是笔者最开心的事。

经过40多年来的改革开放，中国取得了举世瞩目的建设成就，涌现出大量具有时代特色的建筑作品，也从侧面反映了当代建筑教育的发展。从20世纪80年代的十几所院校到如今的300多所，我国培养了一批批建筑设计人才，成为设计、管理、教育等各行业的专业骨干。从建筑教育而言，国内高校大多采用类型的教学方法，即在专业课建筑设计教学中，从二年级到毕业设计，通过不同的类型，从小到大，由易至难，从不同类型的特殊性中学习建筑的共性，即建筑设计的理论和方法，这是专业教育的主线。而建筑初步、建筑历史、建筑结构、建筑构造、城乡规划和美术等课程作为基础课和辅线，完成对建筑师的共同塑造。虽然在进入21世纪后，各高校都在进行教学改革，致力于宽基础、强专业的执业建筑师培养，各具特色，但类型的设计本质上仍未改变。

本书中所研究的建筑要素，就是建筑不同类型中的共性，有助于专业人士在建筑教学过程中和设计实践中不断地总结并提高认识，在设计手法和方法上融会贯通，不断与时俱进。

这就是建筑要素的重要性所在，两年前郑州大学建筑学院顾馥保教授提出了编写本丛书的构想并指导了丛书的编写工作。顾老师1956年毕业于南京工学院建筑学专业（现东南大学），先后在天津大学、郑州大学任教，几十年的建筑教育和创作经历，成果颇丰。郑州大学建筑学院组织学院及省内外高校教师，多次讨论选题和编写提纲，各分册以1/3理论、2/3案例分析组成，共同完成丛书的编写工作。本丛书的成果不仅是对建筑教学和建筑创作的总结，亦是从建筑的基本要素、基本理论、基本手法等方面对建筑设计基本问题的回归和设计方法的提升，其中大量新建筑、新观念、新手法的介绍，也从一个侧面反映了国内外建筑创作的发展和进步。本书将这些内容都及时地梳理和总结，以期对建筑教学和创作水平的提升有所帮助。这亦是本丛书的特点和目标。

谨此为序。在此感谢参与丛书编写的老师们的工作和努力，感谢中国建筑出版传媒有限公司（中国建筑工业出版社）胡永旭副总编辑、唐旭主任、吴绫副主任对本丛书的支持和帮助！感谢李东禧编审、孙硕编辑、陈畅编辑的辛苦工作！也恳请专家和广大读者批评、斧正。

郑东军
2021年10月26日
于郑州大学建筑学院

◈ 前言

在中外传统建筑中，庭院古来有之，民居、宫殿建筑、文化建筑、宗教建筑等，以防御性、安全性、地域性、文化性、民族性为基本特征，不同风格的建筑庭院给人类留下了大量宝贵的文化遗产。

现代建筑自20世纪初经历了百余年的发展，将空间——建筑的主角，继而将建筑的庭院空间组合作为建筑多元化创作的重要元素与创作手法。在20世纪20年代，日本东京帝国饭店与西班牙巴塞罗那德国馆开创了现代建筑以庭院空间组合的先例。

随着建筑类型、规模、功能、技术等方面的发展，庭院空间组合的设计实践得到了空前的繁荣。建筑与庭院共生、共享、空间开放，与城市相融合。灵动独创的优秀选例丰富多彩，在现代建筑的花园中奇异绽放。

"我们认为在中国历代建筑中都极为醒目地存在的质朴的墙体以及一些小庭院是两个永恒的特征，每个中国人都是理解这一点的。"[①]庭院空间组合之于中国建筑，更是与国人产生共鸣的元素。

本书将以国内外优秀案例为基础，归纳、分析、梳理其创作手法、特色、风格。第1章简述庭院空间的历史发展与典型形式；第2章分析总结现代建筑的庭院空间组合方法：内院、围合、组合；第3章分析总结庭院空间组合要素；第4章论述建筑庭院空间组合设计。本书结合传承与创新，力图使庭院空间组合作为一种组织建筑空间的方法，得到更多建筑师的关注与使用，同时也对广大建筑师及建筑学专业的学生在空间创造与建筑设计中起到交流、启示、开拓视野的作用。

---

① 王天锡. 贝聿铭 [M]. 北京：中国建筑工业出版社，1990.
　引文原载 [美]《进步建筑》1984年第2期。

感谢中国建筑出版传媒有限公司（中国建筑工业出版社）的各位领导和编辑的支持和帮助！在本书编写的整个过程中，顾馥保教授从章节安排、选例插图等给予了全面的指导，并提出了许多中肯建议，再次向顾老师表达诚挚的感谢！

目录

3 庭院空间组合要素

4 建筑庭院空间组合设计

1
概述

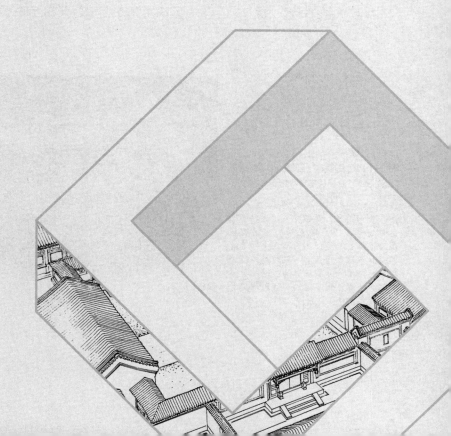

庭院空间与其他建筑空间形态一样，是人与自然互动的结果，是由人类在生存活动中营造出来的。人类通过围护、遮蔽创造出建筑空间来占据领域，同时也通过围合而成的庭院占据露天的开敞空间，进而生存在自然之中。

　　人类与其他生物一样，具有占据领域和抵御自然灾害、野兽袭击的本能，恶劣的生存环境迫使人类创造一个安全的居住环境，因此防卫功能便成为建筑最原始的功能。庭院式的建筑布局有利于防御，但这并不是建筑采用庭院式布局的唯一原因。"在其他文化中也都曾有过防御性的庭院，如埃及、巴比伦、希腊、罗马就有过。但在中国，我们掌握了庭院部署的优点，扬弃了它的防御性部署，而保留它的美丽廊庑内心的平静，供给居住者庭内'户外生活'的特长，保存利用至今。"梁思成先生在《中国建筑之特征》中的这段话，道出了中国传统建筑承袭沿用庭院式建筑布局的原因。

1.1　庭院的溯源

　　在中国古汉语中，"庭院"一词是由"庭"与"院"合成而来（图1-1-1）。在古代，"庭"与"院"是两个相互区别但又相互联系的概念。

图1-1-1　陶院落（三国 吴，明器）
（图片来源：中国国家博物馆官网）

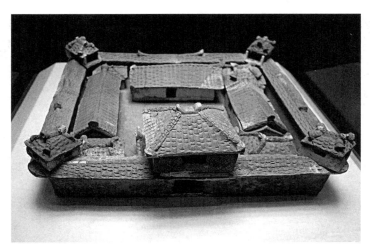

该明器于1967年湖北省鄂州市出土，长54厘米、宽48厘米。这件陶院落前有厅堂，后有正房，两侧有厢房。围墙有前后门，前门正上方筑有门楼。围墙四角各有一座角屋，门楼和角屋是用来守护院落的。陶院落虽是随葬明器，但应是模仿当时的建筑形式制作的。

"庭"与"院"的文献释义可以归纳如下表：

词语	文献	释义
庭	《说文》	庭：宫中也
	《玉梅》	堂下至门，谓之庭
	《玉篇》	庭，堂阶前也
	《辞源》	1. 堂前之地 2. 庭堂 3. 朝廷，通"廷" 4. 挺伸，笔直
	《辞海》	1. 厅堂 2. 我国旧时建筑物阶前的空地，也称"院子" 3. 通"廷" 4. 司法机关审判案件的地方 5. 直
院	《广雅·释室》	院，垣也
	《增韵》	有墙垣曰院
	《辞源》	1. 由墙垣围绕的宫室 2. 唐宋以来的官署名 3. 居住等某些场所亦称院
	《辞海》	1. 房屋围墙以内的空地 2. 旧时官署的名称

从释义分析可以看出，它们都具有空间的概念，同时它们又都具有两层含义，既可指被实体界面所围合的室外空间，又可指建筑物。因此，在我国传统意义上，庭院具有狭义和广义之分。

狭义庭院是指位于建筑和建筑群中，由建筑界面与围合要素所限定出的较为封闭的室外空间，即传统意义上的堂前之地——院子。

广义庭院是指包含狭义庭院以及周边围合要素和其他实体要素共同构成的统一整体。在整体中各个独立要素既相互联系又相互统一，具有特定的空间组织序列，并形成了独特的空间形态和结构关系。

1.2 中国传统建筑庭院

从古至今，"庭院"是人类组织空间最基本的模式之一。无论是基于防御性的目的，还是出于家庭生活所需，或是某种特定空间的精神营造，都是由房屋围合成的庭院空间构成的"原型"，也是中西方建筑中最主要的空间构成模式之一。

庭院空间的雏形最早出现在原始社会群落时期。在石器时代的西安半坡仰韶文化聚落遗址已经形成"向心性"布局，即"一组或多组的（建筑单位）围绕着一个中心空间（院子）而组织构成的建筑群"，"此后的房屋总平面图的布局就是这种观念（指'向心'）的进一步发展和延续。"[①]言下之意，半坡聚落遗址是可考的庭院的最早发源地（图1-2-1）。

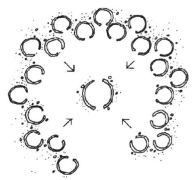

（a）半坡聚落遗址示意图　　　　　　　（b）半坡聚落遗址复原模型

图1-2-1　西安半坡仰韶文化聚落遗址
（图片来源：李允鉌. 华夏意匠——中国古典建筑设计原理分析［M］. 天津：天津大学出版社，2005.）

河南偃师二里头遗址（图1-2-2）是夏朝都城之一，两处宫殿遗址都是较为完整的廊院式建筑，"庭院"这一概念在此时便已萌芽并影响后世。"庭院"概念成熟的标志则是陕西岐山凤雏村西周宗庙建筑遗址（图1-2-3），是我国已知最早、最严整的四合院实例。整个建筑沿中轴线依次排列为影壁、大门、前堂、后堂。庭院四周有檐廊环绕，并用廊子联结前堂与后堂，形成主次二进院落。前后两个庭院构成建筑的主体，建筑整体主次分明，开敞与封闭处理有序。凤雏村西周宗庙建筑遗址的布局已经非常成熟，与明清时期的北方四合院尤其是北京四合院的布局已经基本一致了。

在随后的历史长河中，经历周、魏晋、唐宋等主要时期的发展，庭院作为建筑的"原型"，不断地被人们运用并加以发展，出现了二合院、三合院这样的简化形式，出现了串联、并联及自由组合等不同的庭院构成方式（图1-2-4）。庭院空间在中国传统建筑中的使用度极高，从民居到古代宫殿

---

① 李允鉌. 华夏意匠——中国古典建筑设计原理分析［M］. 天津：天津大学出版社，2005.

都有它的身影。由于地域、社会、文化的差异，使得传统庭院在空间形态、构成方式、体制与规模上存在很大的差别。传统庭院大致可分为五类：居住类、宫殿类、文化官衙类、宗教类和陵墓家祠类。

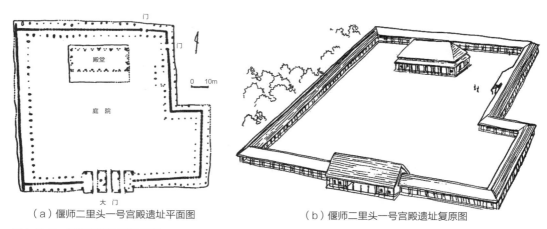

（a）偃师二里头一号宫殿遗址平面图 　　（b）偃师二里头一号宫殿遗址复原图

图1-2-2　河南偃师二里头遗址

（图片来源：潘谷西. 中国建筑史（第五版）[M]. 北京：中国建筑工业出版社，2003.）

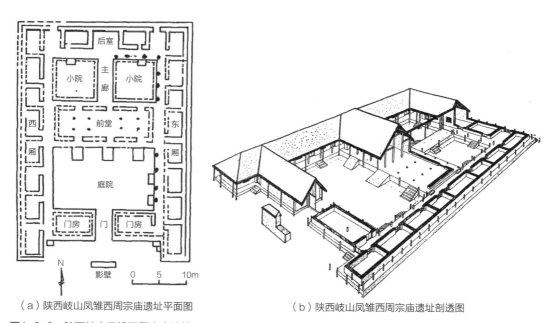

（a）陕西岐山凤雏西周宗庙遗址平面图 　　（b）陕西岐山凤雏西周宗庙遗址剖透图

图1-2-3　陕西岐山凤雏西周宗庙遗址

（图片来源：潘谷西. 中国建筑史（第五版）[M]. 北京：中国建筑工业出版社，2003.）

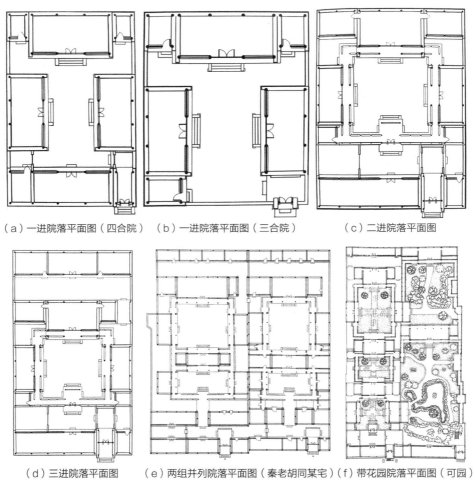

（a）一进院落平面图（四合院）　（b）一进院落平面图（三合院）　　　（c）二进院落平面图

（d）三进院落平面图　　（e）两组并列院落平面图（秦老胡同某宅）（f）带花园院落平面图（可园）

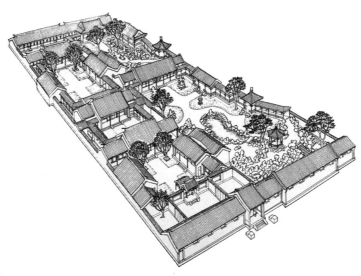

（g）带花园院落鸟瞰图（可园）

图1-2-4　四合院院落组合图
（图片来源：马炳坚. 北京四合院建筑［M］. 天津：天津大学出版社，2020.）

1.2.1 居住类

我国人口众多，地域辽阔，分布在各地、各民族的传统民居因自然气候条件、生活习俗、取材用料的差异，庭院空间也不尽相同，但又都蕴涵着统一的空间特点与空间精神。传统民居庭院空间的布局、空间的轴线和重复变化，这些内在的统一特征是造成我国从南到北众多民居庭院空间相同或相似的主要因素，也是传统民居庭院空间最显著的特色。不同的庭院空间形制和形态，又体现了不同地域的建筑文化特色。

1. 合院

四合院，其中"四"指东、西、南、北四面，而"合"指的是四面房屋，即正房（北房）、倒座（南座）、东厢房和西厢房，四座房屋在四面围合在一起，形成一个"口"字形；三合院：庭院三个边由单体建筑围合，另一边由院墙围合；二合院：庭院的两个边由单体建筑围合，另外两个边由院墙或围廊围合而成，南方许多住宅为避免西晒而不设东西厢房，就属于这种形式。

完整的四合院为三进院落，第一进院是垂花门之前由倒座房所居的窄院，第二进院是厢房、正房、游廊组成，正房和厢房旁还可加耳房，第三进院为正房后的后罩房，在正房东侧耳房开一道门，连通第二和第三进院。在整个院落中，老人（或主人）住北房（上房），中间为大客厅（中堂间），长子住东厢，次子住西厢，用人住倒座房，女儿住后院，互不影响。这其中也有受到"男外女内"中国传统文化思想的影响。三进院落的四合院（图1-2-5）是明清时期最标准的四合院结构，布局最为合理、紧凑，也是

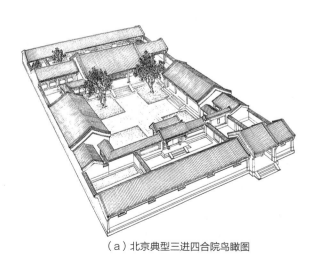

（a）北京典型三进四合院鸟瞰图

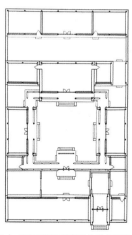

（b）北京典型三进四合院平面图

图1-2-5 明清时期的北方四合院
（图片来源：马炳坚. 北京四合院建筑［M］. 天津：天津大学出版社，2020.）

老百姓最常采用的形式。

四合院中间是庭院，院落宽绰疏朗，庭院中植树栽花，备缸饲养金鱼，是四合院布局的中心，也是人们穿行、采光、通风、纳凉、休息、家务劳动的场所。四面房屋各自独立，又有游廊连接彼此，起居十分方便。封闭式的住宅使四合院具有很强的私密性，关起门来自成天地。

长期以来，受"礼"制影响，以及传统尊卑、内外等级、阴阳五行学说、八卦学说思想的四合院（图1-2-6）也是适应多代长幼有序大家庭的聚居方式。其中，最典型的就是"门当户对"（图1-2-7），不仅用于婚嫁，更是中国传统等级制度、礼制思想的最显而易见的表现。门当，是建筑门口的相对放置呈扁形的一对石墩或石鼓；户对，是四合院的大门顶部，嵌在门楣上的正六角形的方木或者圆木，通常成对出现。门当的造型与个数，户对个数及形状，代表了宅院主人的官阶或财力，有"门当"的宅院，必须有"户对"，这是建筑学上的和谐美学原理，更是宅院主人的身份与地位的外化。"门第"概念也由四合院大门形制而来，不同大门的形制代表了房主人不同的身份地位。

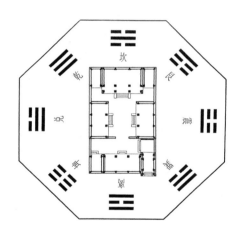

图1-2-6　八卦与四合院的对照关系图
（图片来源：马炳坚. 北京四合院建筑［M］. 天津：天津大学出版社，2020.）

图1-2-7　大门的门当与户对
（图片来源：马炳坚. 北京四合院建筑［M］. 天津：天津大学出版社，2020.）

"一方天井，修竹数竿，石笋数尺，其地无多，其费亦无多。而风中雨中有声，日中月中有影"[1]这句诗描绘了一方天井中竹子与日月风雨所产生的动静、明暗、声光的变化，表达了中国传统住宅庭院所体现的空间美、意境美。以《海棠依旧》命名的电视剧把伟大革命家周恩来和邓颖超夫妇在新

---

① 郑板桥.《板桥题画竹石》。

中国建立之后居住的四合院与满院的海棠花结合在一起，与这首词有异曲同工之妙，为我国传统庭院增添了时代的、浪漫的革命情怀。

2．地坑窑民居（图1-2-8）

位于陕西、河南豫西的地区沉积着深厚的黄土地层，加之其夏热冬旱的气候特点，使"冬暖夏凉"、经济、节能、节材而又适应居住要求的"窑洞式"传统民居在这片土地上延续了千百年。所谓"古之民，为知为宫室时，就陵阜而居，穴而处，下润湿伤民，故圣王作为宫室。为宫室之法，曰室高足以辟润湿，边足以圉风寒，上足以待雪霜雨露，宫墙之高，足以别男女之礼"[1]（译：上古的人民不知道作宫室之时，靠近山陵居住，住在洞穴里，地下潮湿，伤害人民，所以圣王开始营造宫室。营造宫室的法则是：地基的高度足以避湿润，四边足以御风寒，屋顶足以防备霜雪雨露，宫墙的高度足以分隔内外，使男女有别），成为中原地区民居的最早聚落形式。

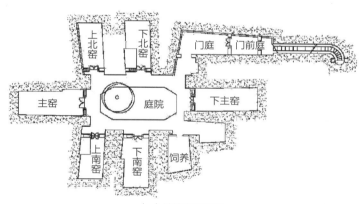

（a）地坑窑平面图

（b）地坑窑内部实景图一

（c）地坑窑内部实景图二

（d）地坑窑出入口

图1-2-8　豫西地坑窑（中国河南）

（图片来源：刘洪涛. 中原建筑大典. 20世纪建筑［M］. 郑州：河南科学技术出版社，2013.）

---

[1] 墨子·辞过。

窑洞除了依山坡、土崖而建的靠崖窑外，还有另一种形式的地坑窑。地坑窑又称为"天井窑院""下沉式窑洞"，是指在平坦的丘陵和黄土塬上先垂直下挖出一个地下庭院，一般为方形，待平整四个窑面后按照靠崖窑的步骤掏挖窑洞，一般以三间为多，深度在6~7米。有的在窑腔内壁砌砖，以防雨水侵蚀。建窑的形式随地形、土质等条件的不同，其高低深浅以及窑孔之间是否连通等不拘一格，表现出强烈的地方特色。其独特性在于地坑窑是一种地下建筑，又由于坑院通常四面都有居室，且多位于黄土高原，所以又被人们称为黄土塬区的"地下四合院"。"进村不见房，见树不见村，车从房顶过，闻声不见人"[①]，独特的体验使得如今保留的地坑院窑洞有的已发展为"农家乐"或作为旅游景点。

3. 皖南天井民居（图1-2-9）

典型的皖南天井民居为徽州民居，徽州地区位处亚热带，属温和暖湿季风气候，夏季气温较为炎热。受到这种气候的影响，围合建筑单体多为二层且间距较小，庭院空间也极为狭小，出檐较深，形成了厅井相连的形式，使得在湿热的夏季可以产生阴凉的对流风，获得良好的通风环境。天井内一般设有地面铺装和排水沟渠，便于积水迅速排出，避免建筑内部过于阴湿，这样一组围合天井的建筑被称为"一颗印"。

皖南天井民居的特点之一是高墙深院，一方面是防御盗贼，另一方面是错落有致的马头墙有防火墙的功能，能阻断火灾蔓延。另一特点是以高深的天井为中心形成的内向合院，以狭长的天井采光、通风与外界沟通。雨天落下的雨水从四面屋顶流入天井，俗称"四水归堂"，也形象地反映了民居主人"肥水不流外人田"的心态，这与山西民居（高院墙，屋面单坡坡向院内）有异曲同工之妙。

图1-2-9 皖南民居局部剖面图
（图片来源：李乾朗. 穿墙透壁：剖视中国经典古建筑［M］.桂林：广西师范大学出版社，2009.）

4. 客家土楼（图1-2-10）

也称客家土围楼、客家民居、圆形围屋，是生态型民居建筑，它就地

---

① 侯俊杰，侯霞，员更厚. 地坑院——凹在黄土里的村庄［J］. 中国文化遗产，2007（4）：60-65.

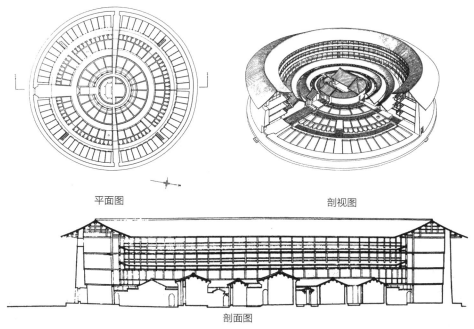

平面图　　　　　　　　　　剖视图

剖面图

（a）福建省龙岩市永定区高头乡高北村的承启楼

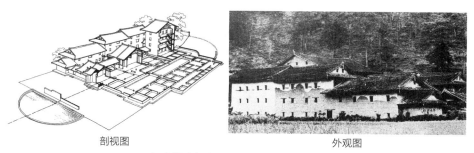

剖视图　　　　　　　　　　外观图

（b）福建永定县客家住宅（中国福建）

图1-2-10　客家土楼

（图片来源：刘敦桢. 中国古代建筑史 [M]. 北京：中国建筑工业出版社，2005.）

取材，布局合理，并能很好地适应聚族而居的生活和防御要求，是一种自成体系、坚固、节约、防御性强，又极富美感的乡土建筑。

最大的圆形土楼直径达70余米，用三层环形房屋相套，房间达300余间。外环房屋高四层，底层作厨房及杂用间，二层储藏粮食，三层以上住人。其他两环房屋仅高一层。中央建堂，供族人议事、婚丧典礼及其他活动之用。在结构上，外墙用厚达1米以上的夯土承重墙，与内部木构架相结合，并加若干与外墙垂直相交的隔墙。过去因安全关系，外墙下部不开窗，故外观坚实雄伟，很像一座堡垒。[①]

---

① 张步骞，朱鸣泉，胡占烈. 闽西永定县客家住宅 [J]. 南京工学院学报，1957（4）.

该住宅为大型院落式住宅，平面前方后圆，内部由中、左、右三部分组成，院落重叠，屋宇参差。[1]

作为供整个家族居住的大型群居建筑，其庭院是完全内向的，并有鲜明的轴线和对称布局。客家土楼多以圆形和方形为主，以祖堂为中心一层一层地环绕而建，构成内向封闭的庭院空间。内部有上、中、下三堂沿中心轴线纵深排列的三堂制，一般下堂为出入口，放在最前边；中堂居于中心，是家族聚会、迎宾待客的地方；上堂居于最里边，是供奉祖先牌位的地方。当外围的房屋不能满足人口居住数量时，再加盖内环房屋。

土楼最外环按相同面积划分各个开间，而内部的书斋、祠堂、客厅和院落都是公共使用，这样能最大化地合理利用空间，也体现出人人平等的原则。土楼竖向空间划分：一层为厨房和餐厅，二层为谷仓，三层及以上为卧室。为了防范外来者的入侵，一楼外墙均不设窗户。由于一楼潮湿，作为厨房使用时烟火可以改善室内潮湿的状况。另外，厨房的油烟味熏向上层木楼板，使木板上形成一层保护层可防范白蚁的侵害。土楼立面开窗基本是在三层以上的居室空间，这样既能使居室空间获得较好的通风和采光，又能保证土楼的内向封闭性和防御性。

客家土楼主要有三种类型：五凤楼、方楼、圆寨。从整体看，以三堂屋为中心的五凤楼含有明确的主次尊卑意识，它是客家文化发源地的黄河中游域古老院落式布局的延续发展。方楼的布局同五凤楼相近，但其坚厚土墙从上堂屋扩大到整体外围，其防御性大大加强。圆寨是当地土楼群中最具特色的建筑，一般以一个圆心出发，依不同的半径，一层层向外展开。圆寨有两大特性：一方面，在圆形建筑物中，三堂屋已经隐藏，尊卑主次严重削弱；另一方面，寨就是堡垒，它的防御功能上升到首位，俨然成为极有效的准军事工程。除了结构上的独特外，土楼内部窗台、门廊、檐角等也极尽华丽精巧，实为中国民居建筑中的瑰宝。

5. 大院民居（图1-2-11）

中国民居建筑向来有"北在山西，南在安徽"之说，晋中大院以深邃富丽著称。古来晋商会做生意又安土重迁，家族中往往从商从政的都有，因此所建造的家族大院又气派又彰显中国传统文化及长幼尊卑，例如著名的乔家大院、王家大院、常家庄园等。

乔家大院因影视剧《乔家大院》《大红灯笼高高挂》等被熟识，布局方正，庭院与房屋所组成"囍"字形平面。王家大院依山而建，有"三晋第一

---

① 刘敦桢. 中国古代建筑史 [M]. 北京：中国建筑工业出版社，2005.

（a）乔家大院

（b）王家大院

（c）常家庄园

图1-2-11　大院民居（中国山西）

（图片来源：自摄）

宅""华夏第一宅"之称，被誉为"中国民建故宫""山西的紫禁城"，俗话说"王家归来不看院"，高度赞扬了王家大院的建筑艺术成就及历史文化价值。常家庄园是规模最大的晋商大院，也是中国最大的庄园式建筑，宅院区之北是园林区，各富特色的建筑庭院与规模宏大的园林交相辉映，使人游走在其中充满了惊喜与期待。

6．上海石库门
（图1-2-12、图1-2-13）

石库门是最具上海特色的居民住宅，它以石头做门框，以

（a）门头一（福康里）　　　（b）门头二

图1-2-12　上海石库门门头

（图片来源：田汉雄等．上海石库门里弄房屋简史［M］上海：学林出版社，2018．）

（a）三开间、双开间、单开间石库门平面图

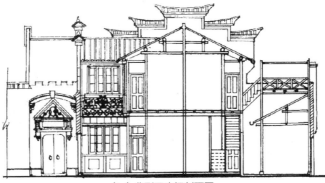

（b）典型石库门剖面图

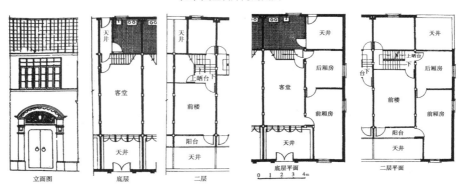

（c）斯文里石库门房屋单开间立面图、平面图　　　（d）斯文里石库门房屋双开间平面图

（e）东斯文里总弄口

（f）震兴里鸟瞰图

图1-2-13　石库门

（图片来源：a、c、d、e：田汉雄等. 上海石库门里弄房屋简史［M］. 上海：学林出版社，2018；b：娄承浩，薛顺生. 老上海石库门［M］. 上海：同济大学出版社，2004；f：中华人民共和国住房和城乡建设部. 中国传统民居类型全集［M］. 北京：中国建筑工业出版社，2014.）

乌漆实心厚木做门扇，因此得名石库门。在中国近代民居中，上海石库门民居的起源除了历史原因外还涉及江南传统民居建筑空间的布局演绎，它脱胎于江南民居的住宅形式，一般为三开间或五开间，保持了中国传统建筑以中轴线左右对称布局的特点，加以西方建筑的门头、纹饰、细部等元素演化而来，最典型的特征是中西合璧，总体布局采用了欧洲联排式风格，是特定历史时期特有的产物，可算作一个特例。

早期的石库门产生于19世纪70年代初，采取立帖式木构架承重，建筑整体以天井为核心、以围合为主，一般是二层楼的三合院或四合院样式，大门位于中轴线上，进门后是一小天井，正对客堂，两侧厢房，客堂后面是横向楼梯，紧接着是后天井及厨房。二层和一层大体类似。两侧的山墙有高于屋顶的阶梯式的风火墙，屋檐一律向天井倾斜，雨水会顺着斜屋面滴落至天井庭院内，寓意"财不外流"。而作为民居主体建筑的厅堂在面向天井一面采用通长的落地窗（或支摘窗），在其打开的情况下天井与厅堂共成一体，内外空间融合在一起，这显然是江南水乡民居与内向性并存的外向性特征。上海石库门的演变大致可分为老式石库门民居、新式石库门民居、新式里弄民居、花园里弄民居以及里弄公寓等。

1.2.2 宫殿类

中国古代建筑强调宫室本位，使得国家级的建筑如宫殿、官衙等都采用庭院作为空间形态构成。从商代二里头早商宫到汉唐的建章宫、大明宫（图1-2-14），直至北京明清故宫一直沿用庭院式布局。宫殿型庭院是传统庭院中等级最高、规模最大的类型。由于围合庭院的建筑多是举行重大典礼活动、朝政活动和祭祀活动的殿堂或各级官吏行使统治权力的厅堂，这就要求庭院能够容纳必要的礼仪场面，具备森严的防卫功能。这种方式作用下的庭院，呈现宏伟庄严的气势，其规模构成往往超越它实用功能的需要。现存明、清时期的紫禁城（图1-2-15）为我国古典建筑最突出的成就。

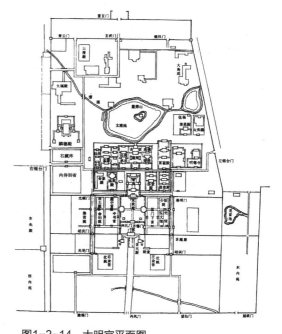

图1-2-14 大明宫平面图
（图片来源：王贵祥. 匠人营国——中国古代建筑史话[M]. 北京：中国建筑工业出版社，2013.）

（a）紫禁城鸟瞰图

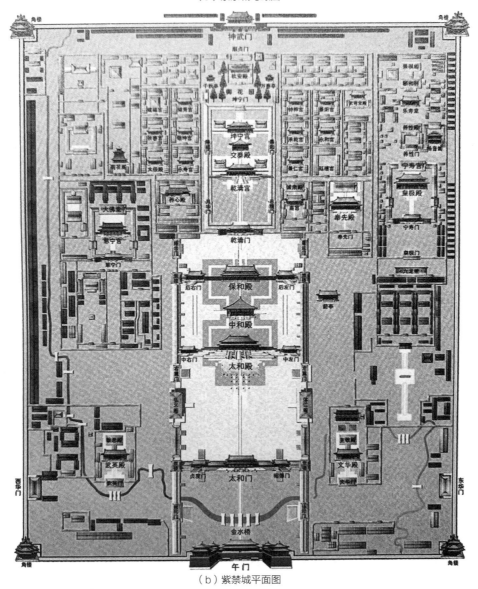

（b）紫禁城平面图

图1-2-15　紫禁城（中国北京）

（图片来源：王贵祥. 匠人营国——中国古代建筑史话［M］. 北京：中国建筑工业出版社，2013.）

1.2.3 园林类

中国古典园林中，北方皇家园林（图1-2-16）雍容华贵、气势磅礴，苏州私家园林（图1-2-17）精巧剔透、淡雅玲珑，似小家碧玉，岭南园林绚烂别致、浓郁葱茏。在规模上、风格上虽有较大的差异，但在意境上、文化上所表达的共性、所追求的凝练自然山水于园林之中，充盈着天地之灵气，都有以"师法自然""虽由人作，宛自天开"的创意。园林类庭院重点在"园""造园"，以江南园林最为著名，以自由的建筑布局追求天人合一的境界，其空间组合方式与本书所探讨的并不一致：当建筑在园林之中，与庭院在建筑之中时，建筑与外部空间的关系不同，故在此不做阐述。

1.2.4 文化官衙类

中国传统文化类建筑为学堂、文庙等，以庭院组织各个功能空间，其基本形制与合院类住宅相似，功能更为丰富，如曲阜孔庙（图1-2-18）、平遥文庙（图1-2-19）等。在古代中国，只有部分人可以学习文化，因此，文化类建筑也代表着我国传统建筑的建筑思想与建造水平。

中国传统建筑的官衙集办公与居住为一体，例如山西平遥古城县衙（图1-2-20）以不同的院落区分庭审区、牢狱区、生活区等不同功能区域。

图1-2-16 北京颐和园（清乾隆十五年，1750）

（图片来源：李乾朗. 穿墙透壁：剖视中国经典古建筑［M］. 桂林：广西师范大学出版社，2009.）

颐和园是中国现存最大的、最完整的皇家园林。

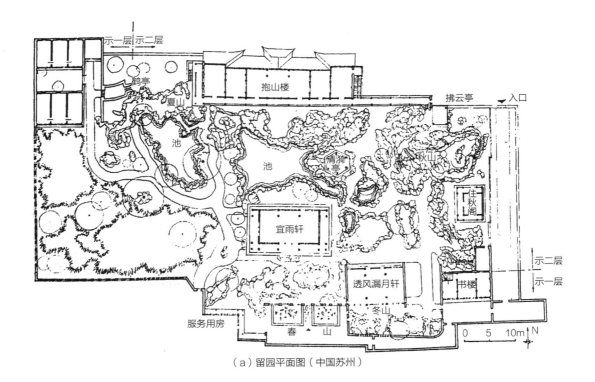

（a）留园平面图（中国苏州）

（b）留园庭院内景图（中国苏州）

图1-2-17 苏州私家园林
（图片来源：刘敦桢. 中国古代建筑史［M］. 北京：中国建筑工业出版社，2005.）

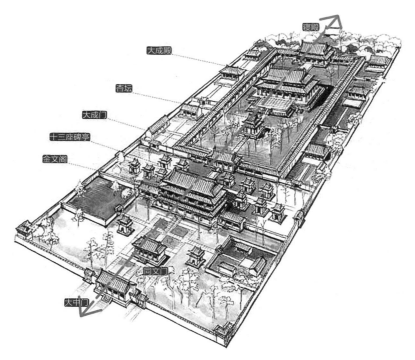

图1-2-18 曲阜孔庙（中国山东）
（图片来源：李乾朗. 穿墙透壁：剖视中国经典古建筑［M］. 桂林：广西师范大学出版社，2009.）

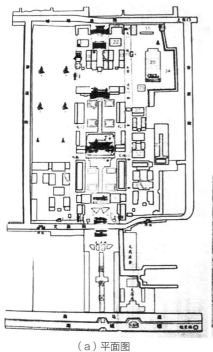

（a）平面图   （b）庭院内景图

图1-2-19 平遥文庙（中国山西）
（图片来源：自摄）

| （a）内景一 | （b）内景二 |

图1-2-20　平遥县衙（中国山西）

（图片来源：自摄）

1.2.5　宗教类

宗教类庭院（图1-2-21、图1-2-22）用于佛寺、道观等建筑中，多为寺观主体殿堂的庭院。这类建筑由于在分布、规模、等级上都较为自由，

图1-2-21　泉州开元寺（唐代）

（图片来源：李乾朗. 穿墙透壁：剖视中国经典古建筑［M］. 桂林：广西师范大学出版社，2009.）

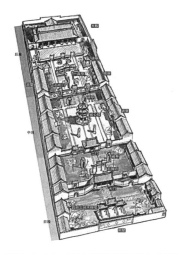

图1-2-22　西安华觉巷清真寺（道观）

（图片来源：李乾朗. 穿墙透壁：剖视中国经典古建筑［M］. 桂林：广西师范大学出版社，2009.）

并有一定的调节余地，因此不同的宗教型庭院依其构成要素和构成关系上有很大的区别，有近似于居住型庭院的小型庙宇，也有类似宫殿型庭院的大型寺观，表现出形态悬殊的多样性。

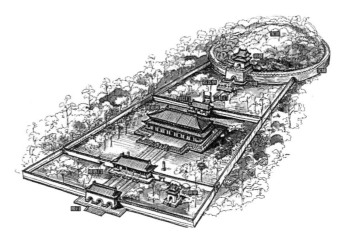

1.2.6　陵墓、家祠类

中国传统文化中"视死如生"，对于陵墓、陵寝的建造是参照现世建筑的，皇陵是

图1-2-23　北京长陵

（图片来源：李乾朗. 穿墙透壁：剖视中国经典古建筑［M］. 桂林：广西师范大学出版社，2009.）

规制最高的陵墓，例如北京长陵（图1-2-23）。家祠是在家中供奉祖先牌位之所，往往是住宅中最重要、最庄严的部分。例如山西晋祠（图1-2-24）是为纪念晋国开国诸侯唐叔虞（后被追封为晋王）及母后邑姜后而建，为晋国宗祠。

（a）平面图　　　　　　　　　　　（b）鸟瞰图

（c）内景一　　　　　　　　　　　（d）内景二

图1-2-24　太原晋祠（中国山西）

（图片来源：a：梁思成. 中国建筑史［M］. 天津：百花文艺出版社，2005；b：王贵祥. 匠人营国——中国古代建筑史话［M］. 北京：中国建筑工业出版社，2013；（c）（d）自摄）

总体而言，中国建筑空间以庭院空间为核心而构成空间原型。中国古代往往有屋必有庭，一屋带一庭，一屋带几庭，甚至几屋围一庭，这种建筑结合景观的特点构成了中国古代独特的人居环境模式。这近乎标准而又灵活可变的原型，通过排列、拼接、围合，形成多样的空间形态。由于长期封建社会在建筑营造方面对于形制、等级的严格规定，以及营造结构方式的"不变的"梁柱构架体系，因此，从某种意义上可以说中国传统建筑没有类型上的"千差万别"，但却有着千变万化的庭院布局与特色。所以，可以说庭院空间是中国传统建筑原型中不可分割的一部分，它给古建筑注入自然的活力至今魅力不衰。

1.3 外国传统建筑庭院

从古埃及开始，追溯西方建筑史，当时的庭院形式主要出现在住宅和宫殿中，各功能房间围绕院子的一侧或周边布置，并有了明确的轴线和纵深布局。如古埃及的阿玛纳的贵族府邸和阿玛尔纳宫殿。随后的古希腊和古罗马都曾在住宅、宫殿中出现过"天井"和"内庭"，甚至"双庭"的空间布局。

欧洲的庭院基本以罗马的府邸庭院为雏形，以庭院空间来划分各功能空间，历史延续性强，使用范围也十分广泛，但它们过多地追求建筑的雕饰，追求轴线鲜明的几何式构图，追求豪华场面、立体感、规则感的人工花园，使得室外庭院空间往往只是以建筑为核心的外部背景。

1. 古埃及庭院

古埃及庭院（图1-3-1）一般是方形的，入口处建塔门，整个庭院具有明显的中轴线。古埃及的神庙建筑也将庭院作为空间组合的一部分。如卡纳

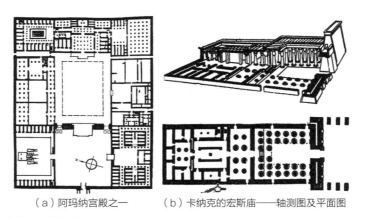

（a）阿玛纳宫殿之一　　　（b）卡纳克的宏斯庙——轴测图及平面图

图1-3-1　古埃及建筑庭院

（图片来源：陈志华. 外国建筑史（第二版）[M]. 北京：中国建筑工业出版社，1997.）

克的宏斯庙按照中央路径的原则由前至后分别布置斯芬克斯神道、方尖碑、塔门、院落、横向前厅、内殿，几乎包含了古埃及神庙的所有元素。

2. 古希腊庭院

古希腊庭院（图1-3-2）可按建筑功能分为公共建筑庭院与住宅建筑庭院。

①市政厅：市政厅一般设在城市中央，是中央政务会的所在地，市政厅的结构形式完全由功能支配。它是祭拜女神、档案资料馆和主持政务的场所，这三个功能房间均通向一个内院，院子由一座或两座门廊与房间外墙围合而成。

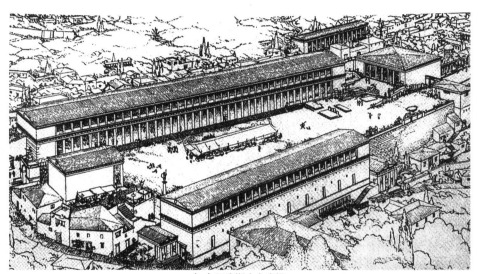

（a）阿索斯中心广场

（b）德尔斐的阿波罗圣地

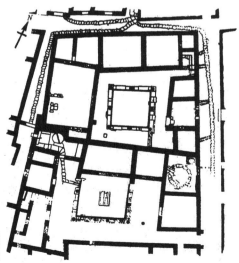

（c）提洛斯岛住宅平面

图1-3-2 古希腊建筑庭院

（图片来源：陈志华. 外国建筑史（第二版）[M]. 北京：中国建筑工业出版社，1997.）

②民居型庭院：希腊早期住宅只有一间卧室，最初平面为椭圆形，后为长方形。大部分的住宅朝庭院开窗。庭院北边通常有一个门廊，通过走廊从外面进入庭院，稍晚的设计则通过一个门厅进入庭院。还有些庭院门廊延伸到庭院四周成为柱廊。这些庭院以三合院或四合院为主。

3. 古罗马庭院

古罗马时期建筑庭院（图1-3-3）沿用了古希腊庭院的布局，从发掘出

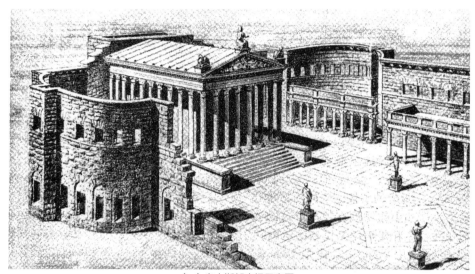

（a）奥古斯都广场示意图

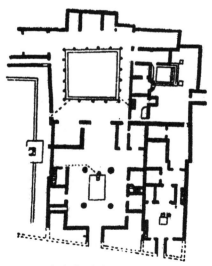

（b）庞贝银婚府邸平面图

（c）庞贝银婚府邸天井

图1-3-3 古罗马庭院
（图片来源：陈志华. 外国建筑史（第二版）[M]. 北京：中国建筑工业出版社，1997.）

的庞贝遗址可以看出，在明厅之后又设计了一个大一些的庭院，主人的家居活动也移到了后院。不仅在住宅中，在其他建筑中，庭院也起了巨大作用。如古罗马的庞贝银婚府邸，其布局有了纵轴线上的层次，由天井到穿堂再到后院，产生了光线明暗的戏剧变化。庭院空间也广泛地应用在其他建筑中，如古罗马的卡瑞卡拉浴场，内部的围合庭院保证了浴场中主要房间均能得到自然的采光与通风。

中世纪时期，住宅的建设更多的是为了防御外来的侵略，因此住宅建得像一座座堡垒，古罗马积累下来的空间处理经验也被遗忘，建筑不再是追求杰出的空间品质，院子仅仅用来充当杂物院，其改善空间效果的作用被忽略了。

4．伊斯兰庭院

在封建时期，伊斯兰国家创造了独特的建筑体系，达到了极高的艺术水平，是不同于中国和西方国家建筑的一朵绚丽奇葩。清真寺是伊斯兰教国家最重要的宗教建筑，宽敞的中央院落的四周围绕着殿堂，以正面为主，面阔远大于进深。前院景色壮观，塔身峭拔，穹顶雍容，外墙连续封闭，室外活动主要集中在庭院中。

著名的有西班牙中世纪的伊斯兰建筑，如西班牙格兰纳达的阿尔罕伯拉宫（13～14世纪）（图1-3-4），它是伊斯兰世界中保存得比较好的一所宫殿。它的建筑群主要是围绕两个意境不同的庭院展开。南北向的叫柘榴院（36米×32米），是一个以长方形水池为主的水景庭院，它以朝觐仪式为主，比较肃穆。东西向的叫狮子院（28米×16米），装饰比较奢华，是后妃们居住的地方。

5．日本庭院

日本国土面积不大，但工匠都是使用天然材料的能手，木、竹、草、石等在他们手里都能够将质地、纹理、色泽的美发挥到极致。日本早期流行自然神教，后信奉佛教，日本的宗教建筑与中国的制式基本相同，但居住建筑则具有鲜明的特色。日本的居住建筑不死守轴线对称的布局，结构轻盈，四面开窗，因此，窗外的庭院显得格外重要。庭院内景物常布置成枯山水，以砂石铺地，点石成景，自然而不对称的布局，简朴、宁静，"枯山水"成为日本的禅意庭院的经典。

古代和中世纪的日本府邸主要有两类，一类是8～11世纪上层贵族的"寝殿造"，一类是16～17世纪武士豪绅的"书院造"。在这两类之间，有一个过渡的形制，有人称之为"主殿造"。在17世纪之后，又有一种"数寄屋

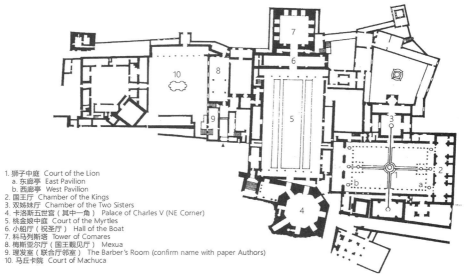

1. 狮子中庭　Court of the Lion
   　a. 东廊亭　East Pavilion
   　b. 西廊亭　West Pavilion
2. 国王厅　Chamber of the Kings
3. 双姊妹厅　Chamber of the Two Sisters
4. 卡洛斯五世宫（其中一角）　Palace of Charles V (NE Corner)
5. 桃金娘中庭　Court of the Myrtles
6. 小船厅（祝圣厅）　Hall of the Boat
7. 科马列斯塔　Tower of Comares
8. 梅斯亚尔厅（国王觐见厅）　Mexua
9. 理发室（联合厅邻室）　The Barber's Room (confirm name with paper Authors)
10. 马丘卡院　Court of Machuca

（a）狮子院平面图

（b）狮子院庭院内景图一

（c）狮子院庭院内景图二　　　　　　　　（d）狮子院庭院内景图三

图1-3-4　伊斯兰庭院——阿尔罕布拉宫狮子院（西班牙）

（图片来源：a：卡米拉·米莱托，费尔南多·维加斯（顾心怡译）. 阿尔罕布拉宫：历史、修复与保护 [J].
建筑遗产，2019（03）：67-79；b～d：王瑞珠. 世界建筑史 伊斯兰卷 [M]. 北京：中国建筑工业出版社，
2014.）

（a）枯山水庭院（竜安寺，京都）

（b）湿庭院（桂离宫，京都）

图1-3-5　日本庭院
（图片来源：（日）大桥治三. 日本庭院造型与源流（上）（下）[M]. 日本：凸版印刷株式会社，1998.）

风"的书院造。然后便是现代的和风住宅了。①不论是哪个时期的日本住宅，庭院都是其极为重要空间组成部分。

　　日本庭院分为枯山水庭院与湿庭院，即放置山石等元素来象征山水草木的即为枯山水庭院，使用真实的水、植物等的为湿庭院（图1-3-5）。

1.4　现代建筑庭院的发展

　　伴随着20世纪现代建筑的肇始与发展，以及建筑类型的多样化、功能的复杂化，同时由于技术、材料的新颖化，以现代建筑空间理论为基础的建筑空间组合之———建筑庭院空间组合成为建筑创作构思与切入点的重要方法

---

① 陈志华. 外国建筑史（19世纪末叶以前）（第三版）[M]. 北京：中国建筑工业出版社，2004.

与手段。相应地与建筑内部空间同步、共生的外部庭院空间也从传统的私密性、封闭性、单一的观赏性向着多功能性、开放性的方向发展。早在20世纪40年代，当贝聿铭就读于哈佛大学研究生院时，与导师W·格罗庇乌斯探讨中国传统建筑特征时，指出庭院、墙两大要素的继承与发扬，并就此做出中国艺术博物馆方案（上海）（图1-4-1）时得到导师们的好评，并著文点赞。可以说，从理论与实践上把庭院空间组合的手法开启了一个先例，直到20世纪80年代，贝聿铭先生真正把两个运用建筑庭院空间组合的设计付诸实践，分别是北京香山饭店（图1-4-2）和苏州博物馆（图1-4-3），并获得了高度的赞誉。

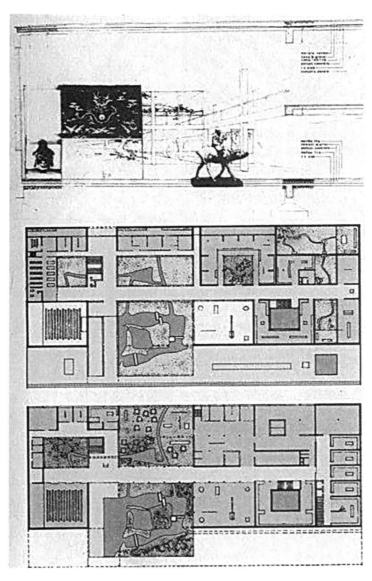

图1-4-1　中国艺术博物馆方案（中国上海）（1946年）

（图片来源：《进步建筑》1984年第2期）

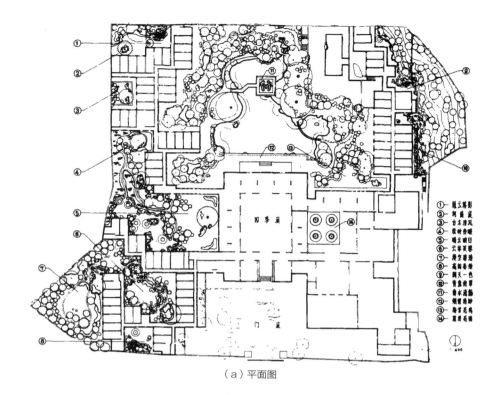

（a）平面图

（b）庭院实景图一 　　　　　　　　　　　　（c）庭院实景图二

图1-4-2　北京香山饭店（1979年）

（图片来源：a：刘少宗，檀馨. 北京香山饭店的庭园设计［J］. 建筑学报，1983（04）：52-58，84；
b、c：郭立群. 东西之间：贝聿铭建筑思想研究［M］. 北京：中国建筑工业出版社，2017.）

　　20世纪，早期改革开放的南方城市，庭院空间组合在不同规模、不同类型的公共建筑中，被广泛采用，创造了广州地区的岭南风格，不少优秀的建筑实例在改革开放的中国大地上不断绽放，如广州矿泉客舍（图1-4-4）、广州白云宾馆（图1-4-5）。

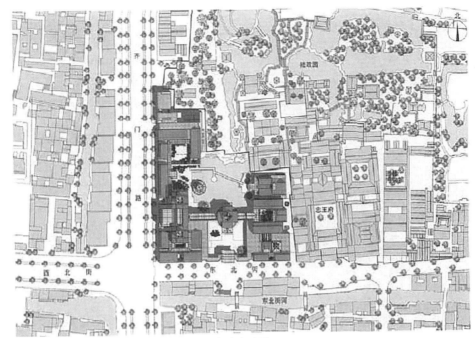

（a）鸟瞰图

（b）平面图

（c）庭院实景图

图1-4-3　苏州博物馆

（图片来源：范雪. 苏州博物馆新馆［J］. 建筑学报，2007（02）：36-43.）

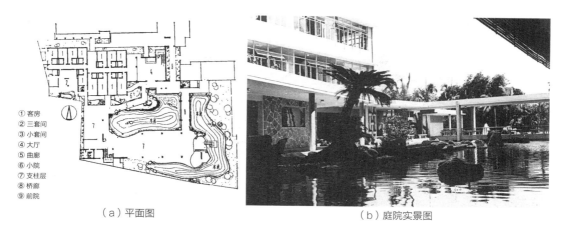

① 客房
② 三套间
③ 小套间
④ 大厅
⑤ 曲廊
⑥ 小院
⑦ 支柱层
⑧ 桥廊
⑨ 前院

（a）平面图　　　　　　　　　　　　（b）庭院实景图

（c）内院透视

（d）剖透图

图1-4-4　广州矿泉客舍

（图片来源：a、c：广州建筑与庭园［J］. 建筑学报，1977（03）：38-43，55-56；d：岭南建筑丛书编辑委员会. 莫伯治集［M］. 广州：华南理工大学出版社，1994；b：网络）

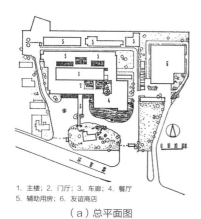

1. 主楼；2. 门厅；3. 车廊；4. 餐厅
5. 辅助用房；6. 友谊商店

（a）总平面图

（b）内庭院

图1-4-5　广州白云宾馆

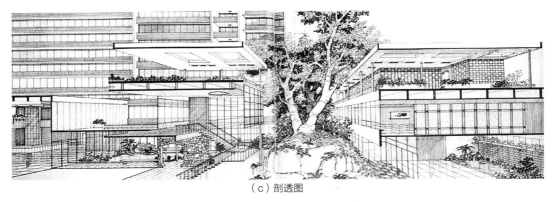
（c）剖透图

图1-4-5 广州白云宾馆（续）

（图片来源：a：广州白云宾馆［J］. 建筑学报，1977（02）：18-23，17-53；c：国家建委建筑科学研究院建筑情报研究所编. 建筑实录：白云宾馆（非正式出版物）；b、c：林兆璋. 林兆璋建筑创作手稿［M］. 北京：国际文化出版公司，1997.）

　　庭院空间的功能与风格在现代建筑中发生了根本性改变。大致可归纳为以下几个方面：

　　（1）从传统居住建筑庭院的以私密性、安全性为主，向以现代社会生产、生活为基础不同类型公共建筑的开放性、公共性发展。例如企事业单位、学校教育机构、商业街区、科技园区等面向城市公共空间开放，与周围的环境相融合，并表达着一定的场所精神。

　　（2）以人为本、树立"庭院空间"为人服务的思想，从不同年龄阶段、不同职业的人的生活、生理、心理、行为方式的特点及需求为出发点，选择不同的庭院形态与空间界面，配置恰当的庭院要素来满足不同的功能要求，从而创造个性的庭院空间。

　　（3）由于新技术与新材料的发展，声、光、多媒体等新潮景观元素与现代科技手段的引入，也使材质的色彩、质感、形态和光影变化得到充分的挖掘与发挥，不仅提高了庭院的审美艺术价值，又达到保护与可持续发展，从而实现庭院环境设计"质"的变化。

　　（4）庭院空间组合是"建筑与庭院景观"的同生或同步，新的景观学科的建立，必将使建筑与景观两者设计更为紧密地渗透、协作、配合而得到更好的体现。现代建筑包括庭院以点、线、面构成手法，契合着现代快节奏的生活特点；中国的现代建筑及庭院又透露着中国古典园林中的天地灵气与淡定不惊之气。

　　（5）现代建筑越来越不受结构形式、高度、地域、气候等的制约，庭院空间组合形式也越来越灵活多变，庭院不再仅仅用来组织平面空间，还可参与到竖向空间的组织中来，庭院扮演着越来越多的角色，与建筑实体空间、灰空间的交流越来越紧密。

2

现代建筑的庭院空间组合

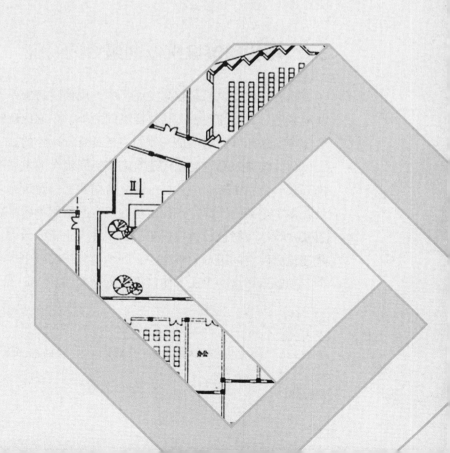

现代建筑创作立意构思的方法之一，就是对建筑空间组合方式的选择。随着现代建筑的类型、规模的多样化发展，创新理论与创新的设计手法层出不穷。空间——作为现代建筑的主角，不论是认识空间、理解空间抑或是创造空间，都被放在了现代建筑的重要位置。

现代建筑发展以来，不仅建筑功能更加多样化、建筑规模大小不一，建筑"性格"更是由私密性向公共性发展、由封闭性向开放性发展。当在现代建筑中注入"新"的庭院要素，便创造了更加多元丰富的风格。庭院的功能、设计理念、设计方法有了长足的发展，建筑庭院组合已经成为当代建筑创作的重要方法之一。庭院空间组合是继分隔性的空间组合、连续性的空间组合、观演性的空间组合、高层性的空间组合及综合性的空间组合①之外的一种重要的建筑空间组合方法，其设计的目的是使建筑空间的形态、层次更加丰富，使室内外空间在氛围上更加融合。

庭院空间与建筑外部空间不同，它位于建筑（或建筑组团）内部，参与建筑各功能空间与使用空间的空间组合，并一同构建建筑的氛围、空间质量与建筑"性格"。庭院对于空间及建筑功能的组织起着越来越重要的作用，采用庭院空间组合方案的设计与建筑实例也越来越多。

2.1　现代建筑庭院空间组合的特征

随着现代建筑的兴起与发展，中外现代建筑的差异越来越小。除了有一些地域性、文化性的表达和特征不同之外，在现代建筑的设计手法、空间组合与特征这几方面基本是一致的，是具有普适性的。

从传统建筑庭院向现代建筑庭院空间组合的发展中，庭院空间由封闭转向开放、由私密转向公共、由独立转向共生，建筑庭院空间组合从内涵及外延获得了全新的诠释。现代建筑庭院空间虽然不再是建筑的核心，但还传承着某些特性与特色，为现代建筑创作注入了新的活力。从传统建筑庭院到现代建筑庭院空间组合的转型中，归纳与分析实践中优秀作品的特征，必将有助于理解运用这一手法并使其得以创新发展。

---

① 张文忠. 公共建筑设计原理（第四版）[M]. 北京：中国建筑工业出版社，2008.

2.1.1 内聚性

庭院空间最基本的特征是内聚性[1]（图2-1-1～图2-1-6），正是这种特性使庭院拥有"外向封闭、内向敞开"的空间品质。我国传统文化含蓄内敛的性格特征要求使用者所处空间具有较高的私密性，在建筑上的反映就是领域感要强，分隔界面要明确，庭院空间的起源——西安半坡遗址建筑群——已经采取了一种"内心"的平面布局形式，而后来的庭院布局形式就是这种内聚性的发展和延续。我国传统庭院空间的内聚性使其空间对人的心理产生影响，人位于庭院空间中时，向外的视野被周围的实体要素遮挡住，视线会聚焦在庭院内部空间，往往会有专注、集聚的心理取向。

在现代建筑庭院中，庭院的内聚性使它往往成为人们乐于聚集和交往的空间。从现象学的视角，庭院空间正符合场所形成的必要条件：接近性、内向性和闭合性。"中心就是场所"，因而庭院空间具有强烈的场所精神。现代庭院不再像传统庭院那样借助于封闭的围合来实现其内聚性。现代庭院空间也尝试着"突围"，这种"突围"更适合现代人的生活方式和心理习惯。

庭院空间的内聚性向开放性、公共性发展。作为步行商业街区以及文化建筑群的庭院空间，也使得它能在城市空间中发挥作用，在城市中创造出具有凝聚力和活力的公共空间。

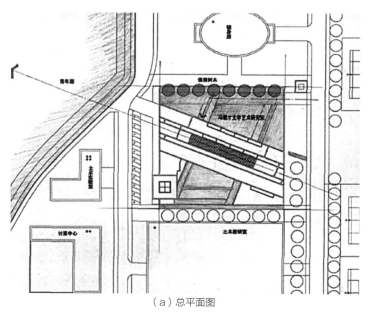

（a）总平面图

图2-1-1　天津大学冯骥才文学艺术研究院

---

[1] 顾馥保. 同曲异工——三座小型文化建筑的设计 [J]. 建筑学报，2002（04）：51-53.

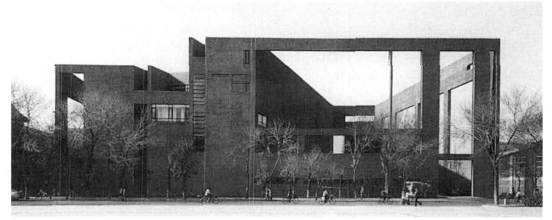

（b）实景图

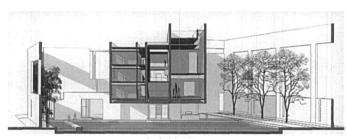

（c）剖透图一

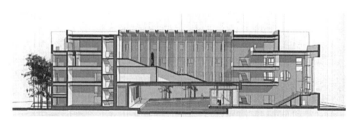

（d）剖透图二

图2-1-1 天津大学冯骥才文学艺术研究院（续）

（图片来源：a、c、d：天津华汇工程建筑设计有限公司. 冯骥才文学艺术研究院［J］. 百年建筑，2007（05）：58-63；
b：周恺. 佳作类：天津大学冯骥才文学艺术研究院，天津，中国［J］. 世界建筑，2007（02）：56-61.）

在方形场地的限定下，设计结合场所环境及创作构思将用地划分为南、北两个楔形庭院，中间设置建筑主体，并稍做偏转使轴线直指青年湖。院中主体建筑首层架空，近千平方米的人工水池贯穿其下，既连通了南北庭院，也为整座建筑带来了灵动与生机。庭院四周用开凿巨大空洞的墙板围合，结合绿化、铺地、水体构成一个蕴含"文化气息、生机盎然"的室外空间，在秩序、高度、外墙材料色调几方面与周边的原有老建筑相呼应。大小各异、形状不一的洞口减少了局部22米高院墙的压迫感与封闭感，也形成了院内空间与周边开放空间的沟通与景观因借。

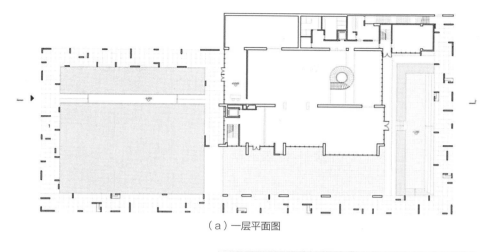

（a）一层平面图

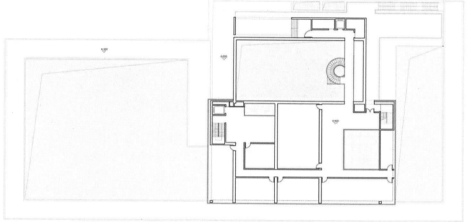

（b）二层平面图

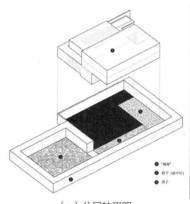

（c）分层轴测图

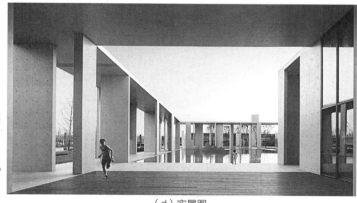

（d）实景图

图2-1-2 合肥北城中央公园文化艺术中心

（图片来源：肖诚. 多义性边界——合肥北城中央公园文化艺术中心［J］. 世界建筑导报，2017，32（06）：97-102.）

该建筑由片墙组成的"墙廊"围合成三个院子，成为本建筑的特色。设计师在尝试为界定院落空间创造一种新的建筑原型时，运用了中国传统建筑的空间组合形式及构成元素，在墙和廊之间找到了结合点——由短墙构成的廊，伴随不同的形态和模数的组合，形成院落空间多样化的界定方式，同时构成多义的场所。墙廊围合出中央的水庭——一片浅水池，一如中国传统园林，水构成另一种界面，借由镜像创造放大的空间感，同时也模糊了天地的界限。

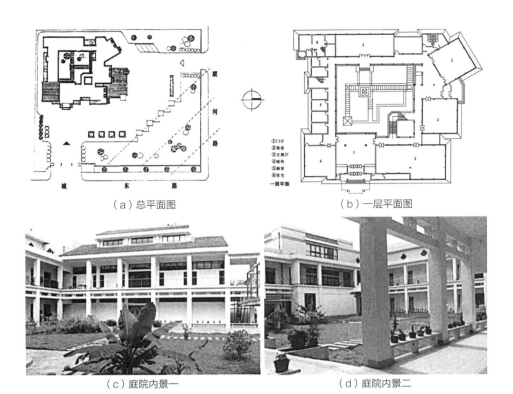

（a）总平面图 （b）一层平面图

（c）庭院内景一 （d）庭院内景二

图2-1-3 郑州市升达艺术馆
（图片来源：顾馥保. 异曲同工——三座小型文化建筑的设计 [J]. 建筑学报，2002（04）：51-53.）

文化建筑由于功能性质、内部空间尺度的不同，通过庭院组合，建立起有机而秩序的空间环境，使得各个部分主从明确、起承转合、规整有序、章法清晰，以走廊的围合与引导，串联起各个空间而形成整体。

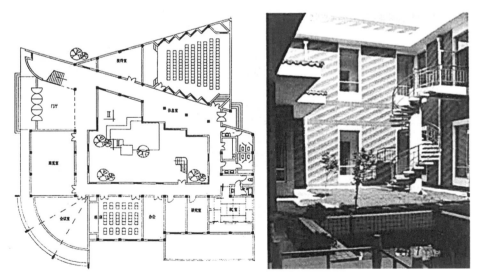

图2-1-4 南阳理工学院国际会馆
（图片来源：顾馥保. 异曲同工——三座小型文化建筑的设计 [J]. 建筑学报，2002（04）：51-53.）

该建筑形体由三角形、矩形和弧形组合而成，将内庭院和一部旋转楼梯结合起来，使得内部庭院空间丰富多彩，又变化统一。

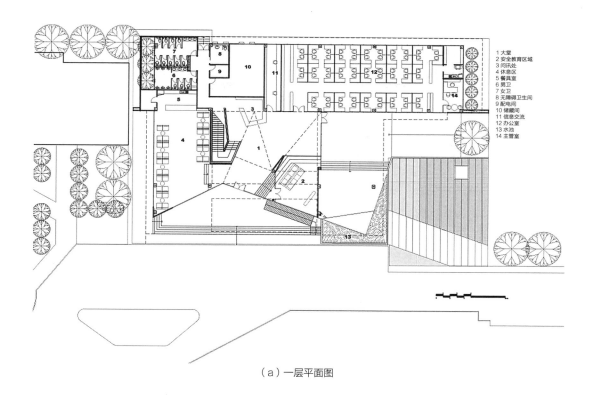

1 大堂
2 安全教育区域
3 问讯处
4 休息区
5 餐具室
6 男卫
7 女卫
8 无障碍卫生间
9 配电间
10 储藏间
11 信息交流
12 办公室
13 水池
14 主管室

（a）一层平面图

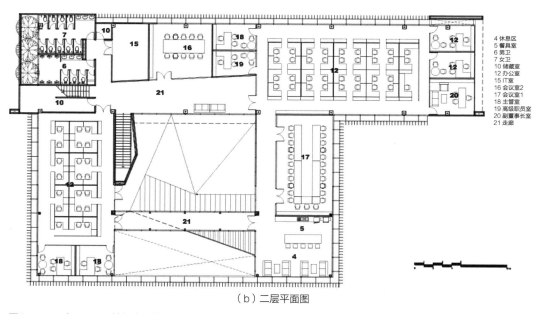

4 休息区
5 餐具室
6 男卫
7 女卫
10 储藏室
12 办公室
15 IT室
16 会议室2
17 会议室1
18 主管室
19 高级职员室
20 副董事长室
21 走廊

（b）二层平面图

图2-1-5　泰国Pttep总部办公楼

| （c）庭院内景一 | （d）庭院内景二 | （e）建筑实景图 |

图2-1-5　泰国Pttep总部办公楼（续）

（图片来源：网络）

该办公建筑占地2000平方米，建筑一层平面为"L"形，上部对应二层平面为"U"形。中部围合空间采用布局斜抬升方式作为屋顶绿化，并在其上设置室外台阶连接上下两层空间，宛如二层建筑架在绿坡地上，形成一个拥有内院的虚实结合的建筑。人们在建筑中可以欣赏到内部与外部的多层绿色景观。

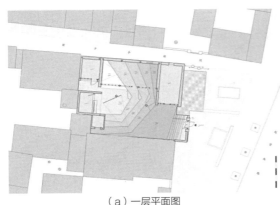

（a）一层平面图

（b）庭院内景图

图2-1-6　北京某电影院（BAITA电影院）

（图片来源：谷德设计网）

该电影院是一个为北京2016设计周建造的临时活动广场，设置于现有建筑之间的木制露天剧场，将室内外空间联系在一起，彻底改变了人们对空间的感受。在这个剧场装置的影响下，居民的生活被激活，新旧事物之间发生碰撞，引发丰富的活动。曾经传统的居住空间被赋予了新的功能，在如此小规模的院子里，木质台阶一方面是观影的座位，一方面也是交流与交通的空间，将公共活动引入社区的中心，创造了一个公私模糊的空间。

2.1.2　模糊性

　　"露天的外部空间如果被二向、三向、四向围合界面包围，它就不同程度地削弱了室外特征的隶属度，而掺入室内特征的隶属度，通常分隔为落地长窗、隔扇、推拉窗、支摘窗等，使得内外空间畅通、流通，也就不是纯粹的室外空间，而是具有不同程度'内化'的室外空间，实质上也是不同隶属度的'亦内亦外'的复合空间"[1]。所以，庭院是一种中介空间，它兼具"内"与"外"的特点，它既可以看作室内空间的扩展与延续，又可以看作有秩序和组织的外部空间。模糊性这一特点使其外部庭院空间和内部生活空间的特征差异被模糊化，并以其特有的构成方式将其室外、室内空间融合成一体，使得两者既相互对立又相互联系。庭院空间的这种特殊重要性，从古至今以多姿多彩的面貌与方式呈现在各类建筑及建筑群中（图2-1-7～图2-1-10）。

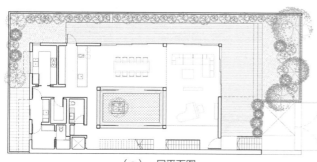

（a）一层平面图

（b）庭院内景图一

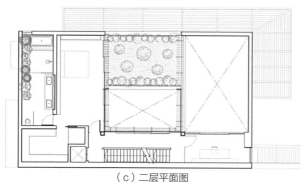

（c）二层平面图

（d）庭院内景图二

图2-1-7　新加坡垂直场地（Vertical Court）

（图片来源：谷德设计网）

这是一栋掩映在绿意中的三层半独立式住宅。住宅一面靠墙，三面庭院种上细竹绿草。中心水院蓝色瓷砖闪耀在清波之下，一棵鸡蛋树立于中央。二层客厅与餐厅前的屋顶花园和三层卧室面对的屋顶花园皆是绿树成荫，生机勃勃，枝繁叶茂。庭院和绿树将建筑保护起来，为居住在这里的人们提供了一片属于他们的世外桃源。格栅和推拉门打开后，室外空间延展至室内，室内外的界限变得模糊。

---

① 侯幼斌. 中国建筑美学［M］. 哈尔滨：黑龙江科学技术出版社，1997.

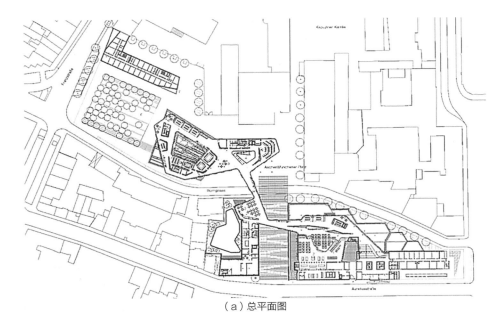

（a）总平面图

（b）庭院内景一

（c）庭院内景二

图2-1-8　某办公总部（Aachenmünchener Headquarters）（德国）
（图片来源：谷德设计网）

该建筑被作为城市设计的一个重要部分来进行设计，建筑融入城市肌理，广场与周边道路进行整合，绿色公共庭院遍布整座建筑中。如同道路一样宽阔的台阶通道，也可看作庭院——一种具有交通功能的庭院。人们在其间行走，建筑与庭院的界限、建筑与城市的界限，都已变得模糊。

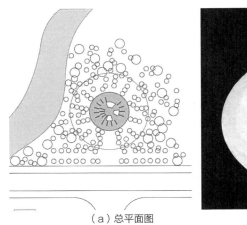

（a）总平面图　　　　　　　　　　　　　（b）建筑模型图

图2-1-9　郑州中原文化博物馆

（c）庭院内景图

（d）实景图

图2-1-9 郑州中原文化博物馆（续）
（图片来源：维思平官网）

该建筑坐落在一大片城市绿地之中，采用底部架空使得圆形的形体犹如一块晶莹的"玉"悬浮于地面之上，不但减小了对基地植物的破坏，还保持了景观的完整性及视线的通透性。

建筑内部一共有四个庭院，有的位于一层作为交通和采光庭，有的位于二层作为景观庭，庭院空间与建筑功能空间融为一体、相辅相成。立体式的庭院布置结构将自然引入建筑内部，同时优化了室内通风和采光环境，配合着篆刻《诗经》的外立面玻璃，光影变化极其丰富与美丽，给参观者带来意想不到的、惊喜的空间感受。

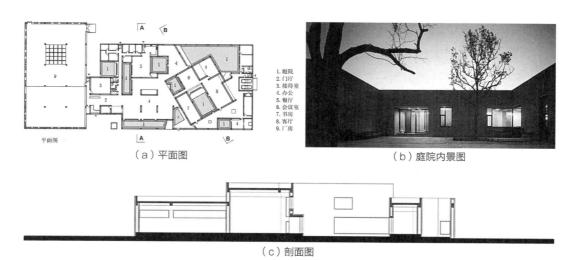

（a）平面图

1. 庭院
2. 门厅
3. 接待室
4. 办公
5. 餐厅
6. 会议室
7. 书房
8. 客厅
9. 厂房

（b）庭院内景图

（c）剖面图

图2-1-10 圭园工作室（中国天津）
（图片来源：在库言库）

圭园工作室位于天津一工业园区内，为了与周围环境相协调，该建筑采用完整的矩形外形与相邻的厂房呼应，其内部用内庭院来组织功能，解决采光通风问题。内庭院不但组织了空间，还形成了空间中的景观，在封闭的外墙内形成一个安静有意境的内部小世界，成了工作室主人及其朋友们相聚的场所。

2.1.3 层次性

建筑庭院空间组合的层次性（图2-1-11～图2-1-14）包含三个方面：

其一，有序排列的多个庭院空间，在空间序列上体现层次性。院落的"落"是一个量词，有重复、累积之意。"院落"可理解为是由各个相对独立的庭院通过一定的空间序列，排列组合而成的有机统一体。正如刘敦桢所著的《中国建筑史》中认为"中国古建筑是以'间'为单位构成单座建筑，再以单座建筑组成庭院，进而以庭院为单位组成各种形式的组群"。在现代建筑中，庭院院落常见于展览类建筑，展览类建筑的各个单元空间常通过庭院组合在一起，再由多个院落组成建筑群体。由多个院落空间组成的群体空间不是一种静态的情景，而是一种连续统一的空间意识的总和，涉及行进过程中室内室外空间的转换以及空间序列的形成。

院落拥有完整的空间结构关系，由不同构成手法形成的院落群体呈现出不同的空间特征与空间关系。在设计中，常常通过院落中庭院的大小、形态的对比以及建筑与庭院交替出现所产生的明暗开合对比，形成完整的空间序列，使人们在行进过程中充分感受到空间的对比与变化，主从明确，起承转合，整合有序，围合与引导串联起各个空间形成整体。

其二，庭院空间的层次性也体现在庭院的造景、组景中。通过对空间的分隔和联系使空间达到相互渗透，也可将借景、对景的手法予以传承与延伸，将单一、有限的庭院空间呈现出多层次、多维度的视觉效果。在私密性较强、需要视线遮挡或需要某种特殊氛围营造的建筑中，层次性特征的运用较多且体现得较为明显。

其三，运用庭院空间组合的建筑具有较显著的图底关系。室内室外空间的转换、虚实空间的结合、人造环境与自然环境的切换，使得各个不同功能、不同规模的建筑空间与庭院空间有明确的主从及图底关系。

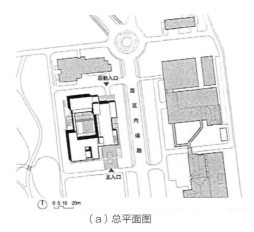

（a）总平面图

（b）一层平面图

图2-1-11　北方长城宾馆三号楼（中国北京）

（c）庭院内景图一

（d）庭院内景图二

图2-1-11　北方长城宾馆三号楼（中国北京）（续）

（图片来源：陈一峰，杨光，尚佳. 北方长城宾馆三号楼［J］. 建筑学报，2015（06）：96-101.）

建筑平面呈"C"形，南北两翼分别是客房和康乐室，中间以餐饮会议室为连接，它们共同围合成一个向西面山景开放的主庭院，从而使建筑的主要活动界面朝向风景，从而背离院区的主干道。入口庭院的布局参照中国传统园林入口模式，使进入酒店大堂之前形成一个与外界相对隔离的缓冲空间。此外，还有一些小庭院，分别面向贵宾室、宴会包间和泳池。这样的空间处理使得整个建筑既是一个集中贯连的整体，又是层次丰富的深深庭院，形成了一个与所在园区氛围相对独立的高品质的休闲场所。

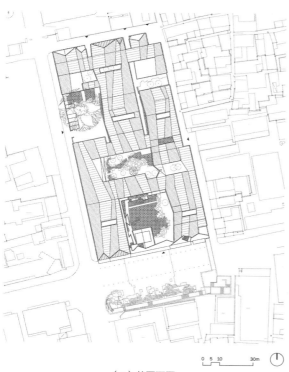

（a）总平面图

（b）庭院内景图一

图2-1-12　绩溪博物馆（中国安徽）

（c）鸟瞰图　　　　　　　　　　（d）庭院内景图二

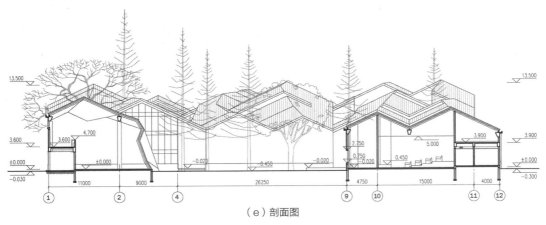

（e）剖面图

图2-1-12　绩溪博物馆（中国安徽）（续）
（图片来源：谷德设计网）

在绩溪博物馆主入口之前，结合城市广场，设计了一个叫作"城市明堂"的空间，进入主入口，是一座由层叠片石墙体构成的人工假山。在这个犹如村落般"化整为零"的建筑群落之内，利用庭院和街巷组织景观水系。沿东西"内街"的两条水圳，有如绩溪地形的徽、乳两条水溪，贯穿联通各个庭院，汇流于主入口庭院内的水面，成为入口游园观景空间的核心。

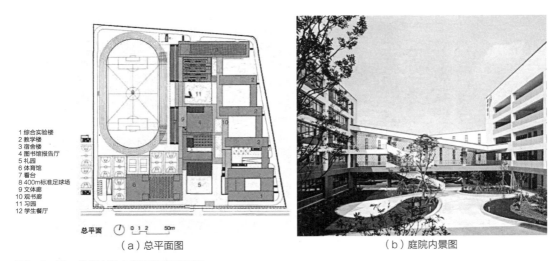

1 综合实验楼
2 教学楼
3 宿舍楼
4 图书馆报告厅
5 礼园
6 体育馆
7 看台
8 400m标准足球场
9 文体廊
10 观书廊
11 习园
12 学生餐厅

总平面　0 1 2　　50m

（a）总平面图　　　　　　　　　　（b）庭院内景图

图2-1-13　苏州实验中学原址重建工程

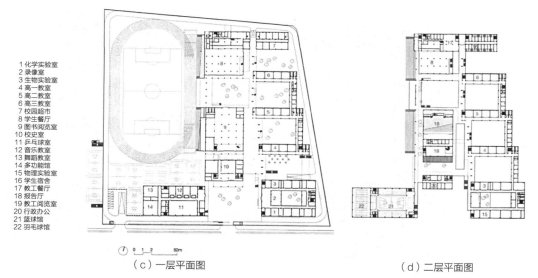

1 化学实验室
2 录像室
3 生物实验室
4 高一教室
5 高二教室
6 高三教室
7 校园超市
8 学生餐厅
9 图书阅览室
10 校史室
11 乒乓球室
12 音乐教室
13 舞蹈教室
14 多功能馆
15 物理实验室
16 学生宿舍
17 教工餐厅
18 报告厅
19 教工阅览室
20 行政办公
21 篮球馆
22 羽毛球馆

（c）一层平面图　　　　　　　　　　　　　（d）二层平面图

图2-1-13　苏州实验中学原址重建工程（续）

（图片来源：曾群. 苏州实验中学原址重建工程［J］. 建筑学报，2016（10）：60-63.）

各个功能单体通过连廊有机地整合在一体，并围合成一个个相对独立的庭院，局部的底层架空，使各个围合庭院能相互渗透，丰富了整个校园的空间情趣。

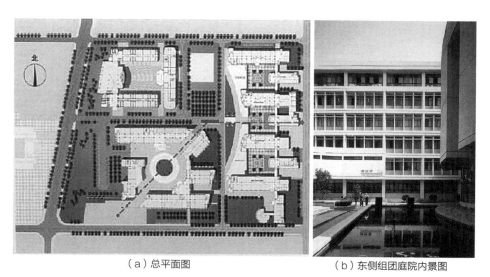

（a）总平面图　　　　　　　　　　（b）东侧组团庭院内景图

图2-1-14　郑州大学（新校区）工科园区

（c）东侧组团西侧水池

图2-1-14　郑州大学（新校区）工科园区（续）

（图片来源：郑州大学工科园区 [J]. 建筑学报，2009（03）：46-48.）

工科园区共有三个组团组成。尤其是西南侧的组团，在一个方形院子的中央设计一圆形水池，并于其中安放了一个环形红色柱列，十分引人注目。这种设计的主要意图是强化空间的中心感和内聚性，同时起到美化环境并衬托建筑物的作用。东侧组团的庭院采用集中与分散相结合的布局。组团西侧为一狭长的月牙形水池，借此可把四幢教学楼连成一个整体。此外，还有三个较小的方形庭院分布于教学楼之间，设有花坛、水池，尺度小巧亲切，可供学生课间小憩，美化校园环境。

2.1.4　融合性

　　中国文化自先秦时期就讲究"天人合一"的思想，讲究人与自然的交融、和谐共生，人的生活与自然息息相关。庭院的融合性（图2-1-15～图2-1-18）表现在四周被封闭，却向天空开放，接受风霜雨雪的洗礼和阳光雨露的沐浴，从这个意义来说，具有自然的属性，是自然环境的一部分，也可以说是外部自然环境向室内空间的渗透。如果说外部空间是大的自然环境，那么"院"就是小的自然天地。这使得中国人在建造家庭居所时既能保持家庭的私密性和内向性，同时又能与自然和谐共生。

　　当然要做到与自然环境共生，仅仅是简单的围合是远远不够的，这里需要引入一些自然环境中原本就有的自然物，例如山石、植物、水体、虫鱼鸟兽等，这些自然要素的引进使得庭院成为一块自然的小天地。庭院空间中一般使用中小型植物点缀，再加上小小的池塘，则虫鸟鱼便活跃其中了，生机盎然的人工小自然便孕育而生了。中国的庭院中自然元素的布置与造型原则是"师法自然"，而与西方庭院园林对于植物的几何形的人工修剪与总体布置是基于截然不同的两种价值观与审美观。

（a）鸟瞰图

（b）庭院内景图

图2-1-15　中国四川"竹里"文化中心

（图片来源：谷德设计网）

这是一个多功能文化中心，包含展览、会议及其他社区活动。为了把建筑同周围的山庄及自然生态融为一体，设计师将建筑形体设计为一个"8"形，围合而成的两个庭院静谧、亲切，且建造使用当地传统营造技艺和预制工业化相结合，"尽力保留每一个事物，让它们保持原样"。

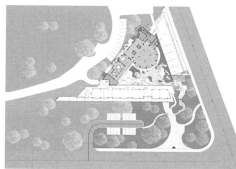

（a）总平面图

（b）鸟瞰图

（c）庭院内景图一

（d）庭院内景图二

（e）庭院内景图三

（f）庭院内景图四

（g）庭院内景图五

图2-1-16　"八分园"美术馆（中国上海）

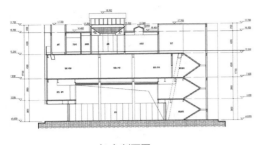
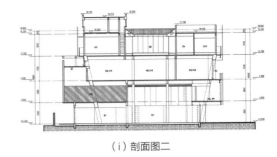

（h）剖面图一　　　　　　　　　　　　　（i）剖面图二

图2-1-16　"八分园"美术馆（中国上海）（续）
（图片来源：谷德设计网）

八分园是一个专门展出工艺美术作品的美术馆，空闲时可以作为发布会的场地，有咖啡厅和图书室、办公室、民宿、餐厅、书房还有棋牌室，是一个微型文化综合体。

庭院空间的巧妙运用，使得建筑处处充满了惊喜。在前院设计了竹林通幽的入口，将八分园独立出来，向周边居民开放，这种节制的开放让八分园获得了周边居民的认同，他们珍惜这个园子，安静地在园子走几步，感到很满足。园子是"外"，形式感复杂，建筑是"内"，呈现朴素。四层的民宿每一间都有一个空中庭院，公共区域有一个四水归堂的天井。每个院子都是当代的中式庭院，"让园子和建筑彼此合为一体，建筑和园子的总体一起才算是建筑学的"，设计师的这句话道出了八分园的设计精髓。

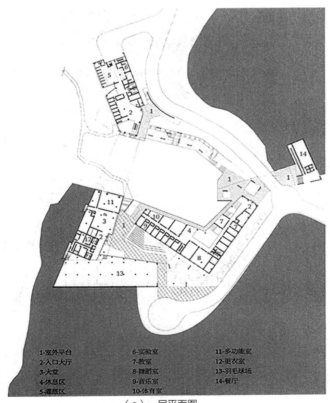

1-室外平台	6-实验室	11-多功能室
2-入口大厅	7-教室	12-更衣室
3-大堂	8-舞蹈室	13-羽毛球场
4-休息区	9-音乐室	14-餐厅
5-灌然区	10-体育室	

（a）一层平面图

图2-1-17　重庆桃源居社区中心

（b）鸟瞰图

（c）庭院内景图

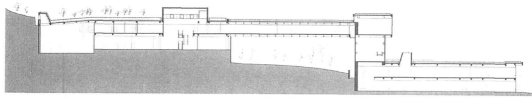
（d）剖面图

图2-1-17 重庆桃源居社区中心（续）

（图片来源：直向建筑. 重庆桃源居社区中心，重庆，中国［J］. 世界建筑，2016（06）：42-49.）

该社区中心位于重庆市桃园公园半山腰的一块洼地，四周被起伏的山体围合。设计总体思路是塑造一个建筑整体趋势和山体相融合的景观意象。社区中心包括文化中心、体育中心、社康中心三个基本功能。由于管理的需求，各自独立，但被一个连续的屋顶所覆盖。建筑整体呈环状布局，两个庭院空间被围合其中，一个是坡地花园，另一个是可以容纳社区生活与集会活动的绿化空间。整体建筑采用绿色植被屋顶和局部的垂直绿化墙体，进一步强化了建筑与自然山体共存的想法。

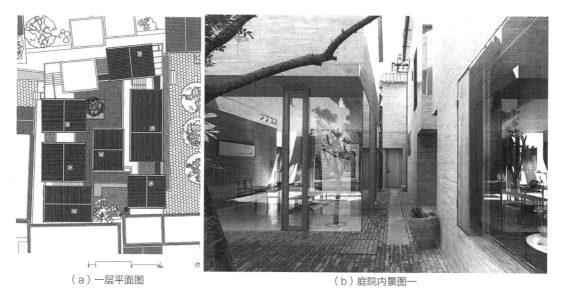

（a）一层平面图　　　　　　　　　　　　　（b）庭院内景图一

图2-1-18 大理古城既下山酒店

（c）庭院内景图二　　　　　　　　　　　（d）剖面图

图2-1-18　大理古城既下山酒店（续）

（图片来源：王飞. 大理古城既下山酒店的"空间规划"和"规划空间"[J]. 时代建筑，2019（04）：70-77.）

该基地位于大理古城，由两户相邻的宅基地组成。基地北、西、南三面都被邻宅紧紧包裹，基地东侧面朝道路。在这块390平方米的用地上建造了一个14间客房的精品酒店和一个面对公众开放的咖啡馆。在这个没有外部景观资源的场地上设计酒店，一切体验和氛围只能从内部争取。建筑师把这个酒店的体量分解为八个似连非连的"小独栋"，围合出一前一后两进庭院。客房围绕庭院布置，庭院既是花园景观，也同时承担了通往客房和楼梯间的动线。咖啡厅则位于临街的东侧，便于对外营业。

2.2　建筑庭院空间组合方法

　　现代建筑庭院的空间组合方法就是将这种方式作为建筑方案的切入点和立足点。建筑与庭院是一种共生的或同步产生的统一体，庭院是建筑不可分割的组成部分，随着建筑规模的扩大、类型的发展、功能的复杂、新的科技手段的应用，建筑设计通过庭院组织建筑空间的现代建筑，同时也完成了一批让庭院空间大放异彩的作品，如此多元共存与共生的建筑理念是时代的进步。庭院空间经历现代建筑理念的洗礼，成为建筑设计中的画龙点睛之笔。建筑庭院空间组合的优秀选例的评价与介绍更将助推设计的创新。

　　建筑庭院空间在建筑中的作用相当于围棋中"气"或"眼"，抑或是绘画中的留白，是给封闭的建筑以通透灵动的重要空间，一般可以划分为内院式、围合式及组合式三种。

2.2.1　内院式

　　庭院被围合在建筑的中心内部，成为"内庭院"。内院式（图2-2-1~图2-2-7）的立面（界面）须要对内、外八个面进行设计，其主要对外界是全封闭的，庭院是封闭内院，保证了内院空间活动的安全性与私密性。围合的设计构思也可以是不同形状的围合：可以是规则的（图2-2-2~图2-2-5），也可以是不规则的（图2-2-6、图2-2-7）。正如《园冶》中所说"如方如圆，似偏似曲"，形态万千。

将庭院空间作为建筑空间的核心和枢纽，建筑组合围绕庭院空间展开，同时也是人流分配的枢纽空间，内院界面根据功能需要可以灵活开启，可在庭院内开展活动。

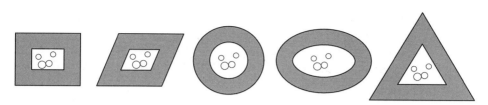

图2-2-1 内院式分析图
（图片来源：自绘）

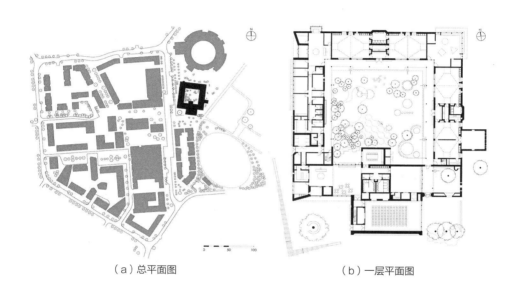

（a）总平面图　　　　　　　　　（b）一层平面图

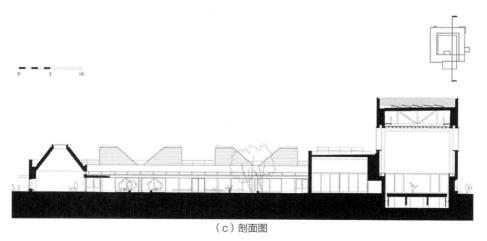

（c）剖面图

图2-2-2 英国剑桥大学社区托儿所

（d）庭院内景图一　　　　　　　　　　　（e）庭院内景图二

图2-2-2　英国剑桥大学社区托儿所（续）

（图片来源：谷德设计网）

该社区中心和托儿所围绕着一个庭院，呈三面分布。建筑西面有一个入口平台，在新城市领域中创造了一个新标志。庭院为托儿所儿童创造了一个被保护的游戏场。一个环绕着游戏花园的回廊为教室和被遮盖的游戏空间提供了外部交通空间。

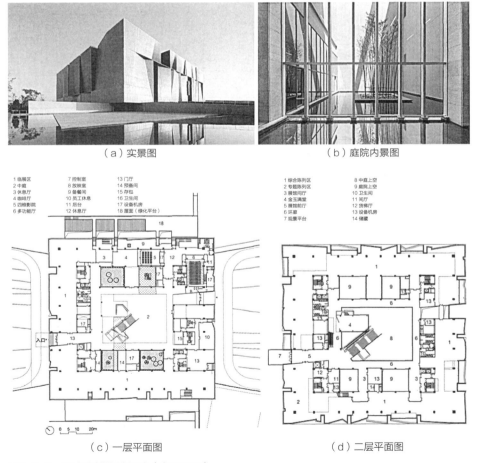

（a）实景图　　　　　　　　　　　　　　（b）庭院内景图

1 临展区　　　7 控制室　　　13 门厅
2 中庭　　　　8 放映室　　　14 预备间
3 休息厅　　　9 备餐间　　　15 存包
4 四明厅　　　10 员工休息　　16 卫生间
5 四维影院　　11 店台　　　　17 设备机房
6 多功能厅　　12 休息厅　　　18 屋面（绿化平台）

1 综合陈列区　　8 中庭上空
2 专题陈列区　　9 庭院上空
3 展馆间厅　　　10 卫生间
4 金玉满堂　　　11 间厅
5 展馆前厅　　　12 货梯厅
6 环廊　　　　　13 设备机房
7 观景平台　　　14 储藏

（c）一层平面图　　　　　　　　　　　　（d）二层平面图

图2-2-3　云南省博物馆新馆（中国昆明）

1 中庭　　　　　　　　　　　6 专题陈列区（金玉满堂）
2 休息厅　　　　　　　　　　7 临展区
3 综合陈列区（史前时期）　　8 专题陈列区（云南交通史）
4 综合陈列区（唐宋时期）　　9 专题陈列区（书画与陶瓷）
5 图书资料室　　　　　　　　10 办公区

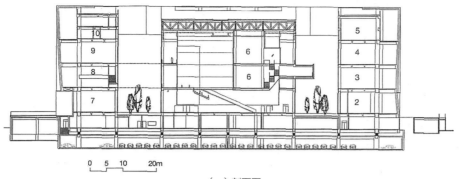

0　5　10　　20m

（e）剖面图

图2-2-3　云南省博物馆新馆（中国昆明）（续）

（图片来源：严迅奇，陈邦贤. 云南省博物馆新馆［J］. 建筑学报，2016（06）：60-65.）

该博物馆是一个巨大的边长104米的方盒子，主体建筑平面呈正方形，源自云南省传统民居"一颗印"的建筑形态，其中通过抽离的手法形成多个庭院空间。主体建筑外墙一道道缝状的洞口与办公室窗户、阳台等，通过科学巧妙的设计，实现了对自然光、自然风的有效利用，在节能环保的同时，也满足了观众渴求贴近自然的心理，形成了"一座会呼吸的博物馆。"建筑外立面也由于这些"裂缝"呈现出石林风化后粗糙嶙峋的体态特征，呼应云南当地著名的"石林"景象，具有地域性。

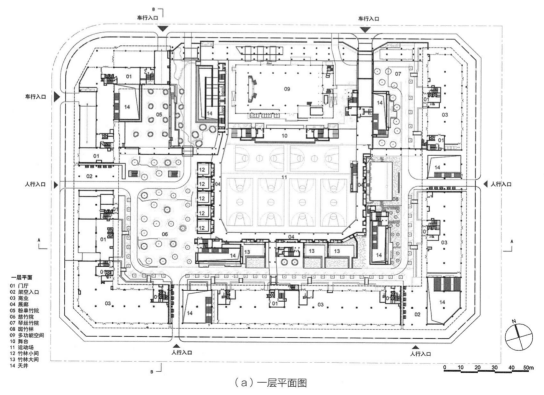

一层平面
01 门厅
02 架空入口
03 商业
04 展廊
05 粉墨竹院
06 慈竹院
07 琴丝竹院
08 斑竹林
09 多功能空间
10 舞台
11 运动场
12 竹林小间
13 竹林大间
14 天井

（a）一层平面图

图2-2-4　西村·贝森大院（中国四川）

2　现代建筑的庭院空间组合

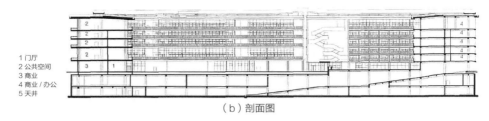

1 门厅
2 公共空间
3 商业
4 商业 / 办公
5 天井

（b）剖面图

（c）鸟瞰图

（d）庭院内景图

图2-2-4　西村・贝森大院（中国四川）（续）

（图片来源：刘家琨. 西村・贝森大院 [J]. 建筑学报，2015（11）：50-58.）

西村・贝森大院的设计一反中心体量集合的城市综合体常见模式，采用围合的布局，环绕街区沿边修建，采用连廊将内部大空间有机地分隔，形成一个公园般的超大院落，成为一个外高内低，容纳纷繁杂陈的公共生活的"绿色盆地"，呼应了四川盆地的地域风景。

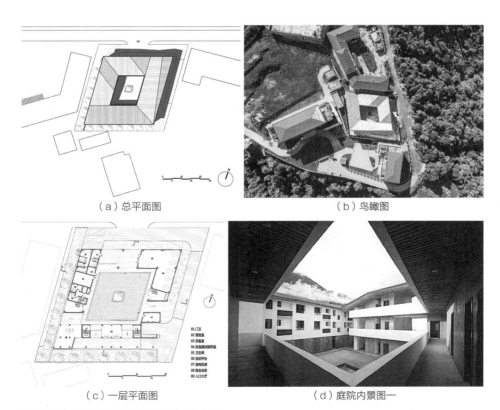

（a）总平面图

（b）鸟瞰图

01 门卫
02 信息室
03 机房
04 应急器材储存室
05 卫生间
06 活动平台
07 绿地庭院
08 综合业务
09 入口大厅

（c）一层平面图

（d）庭院内景图一

图2-2-5　西藏墨脱气象中心（中国西藏）

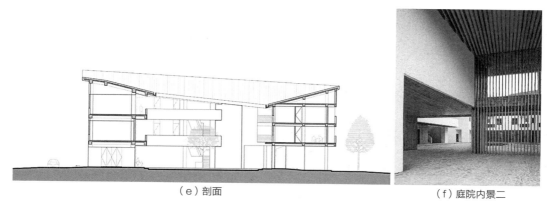

（e）剖面　　　　　　　　　　　　　　　　　（f）庭院内景二

图2-2-5　西藏墨脱气象中心（中国西藏）（续）

（图片来源：建筑学院网）

墨脱是我国境内最后一个通达公路的县城，平均海拔仅1200米，有着独特的气候地貌特征。该建筑采用单一庭院的空间布局，院落的回廊顺应地域性气候，结合当地居民对工作与生活的使用需求，形成一个相对内聚的院落空间。屋顶有序的曲折变化与周围峡谷山体走势呼应，且在下雨时可迅速排除屋面积水。底层局部架空，沿用当地干阑式建筑特色，高低错落的间隙可有效进行自然通风，亦丰富了建筑立面。

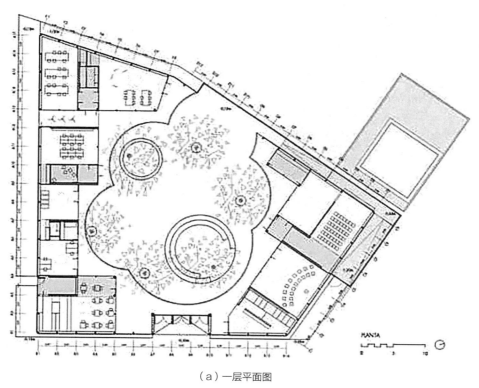

（a）一层平面图

图2-2-6　甘地亚儿童大学

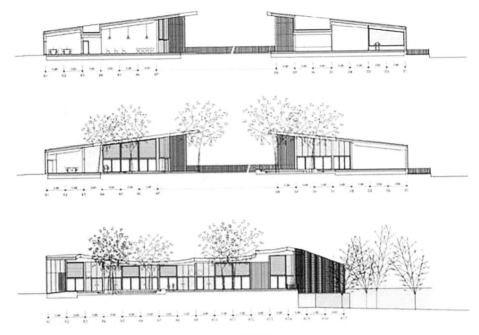

（b）剖面图

（c）庭院内景一　　　　　　　　　（d）庭院内景二

图2-2-6　甘地亚儿童大学（续）

（图片来源：谷德设计网）

甘地亚政府期望把这个位于自然中的有游泳专门教室和讲习班的幼儿园打造成一个非传统的、能够更多激发儿童创造力并给儿童带来快乐的儿童大学。儿童大学的布局充分尊重了场地中的六颗白桑。围绕他们安排教室并形成一个分叶状的中央庭院。以中央庭院为儿童大学的核心，联系了外廊和室内的房间，形成了一个单一的庭院空间。

（a）总平面图

（b）鸟瞰图

（c）庭院内景图一

（d）庭院内景图二

图2-2-7 三角形学校（韩国）

（图片来源：谷德设计网）

基地北边临操场，西边临教学楼，东边临森林，周边环境各不相同。建筑以三角形及不同的立面处理呼应周边环境。庭院在建筑内部，为一层的屋顶花园。三角形庭院及其周边的公共空间让学校气氛变得活跃。

2.2.2 围合式

　　建筑实体将外部空间围合起来，构成内院，当建筑实体界面断开或建筑实体被抽离，则要采用不同要素进行围合。围合式（图2-2-8～图2-2-16）的界面可以是建筑实体、过街楼、围墙、绿化、廊架等要素，在现代建筑中围合空间所用的材料都在不断更新，各要素的具体设计详见本书第3章。

　　从空间交流层次上来说，现代庭院颠覆了传统庭院内外的绝对独立、明确区分的空间状态。现代建筑庭院与外部环境相渗透，空间与空间之间有视觉及行动上的联动。现代建筑庭院继承了传统建筑庭院的向心性、集中性、秩序性以及礼仪性，在此基础上，更强调庭院的多样性或多元化、自由度，以及加强与外部环境的融合。根据庭院在建筑平面的位置不同，可分为前院、后院、边院、角院等。

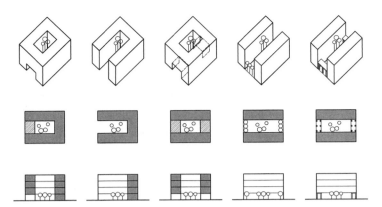

图2-2-8 围合式分析图
（图片来源：自绘）

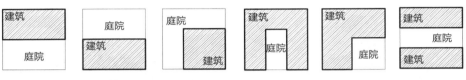

图2-2-9 围合式平面位置关系分析图
（图片来源：自绘）

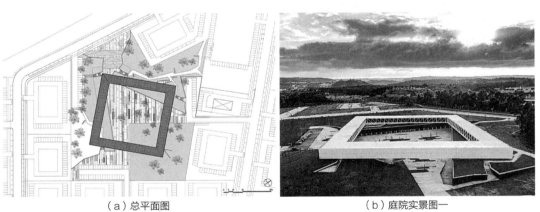

（a）总平面图

（b）庭院实景图一

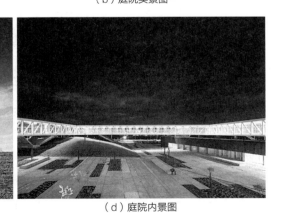

（c）庭院实景图二

（d）庭院内景图

图2-2-10 Óbidos科技园（葡萄牙）

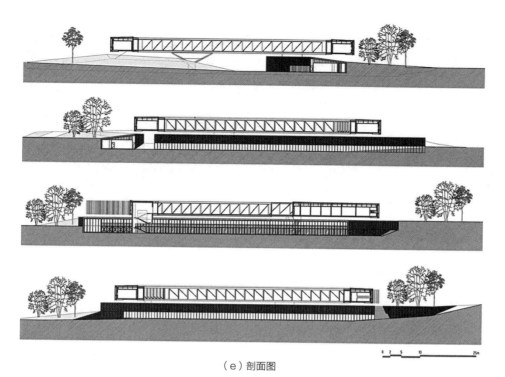

（e）剖面图

图2-2-10　Óbidos科技园（葡萄牙）（续）

（图片来源：谷德设计网）

Óbidos科技园坐落于葡萄牙Óbidos外围的地区，设计通过简洁的四方几何形体，一个巨大的中部方形庭院，一个办公室回廊，一个框架，以只有六个支点支撑并界定着浮起的空间，内外空间的相互渗透，扩展了人们的视野，达到了设计创意的初心：一，保持着乡村的风貌特色；二，创造一个低能耗的绿色建筑风貌；三，一座具有现代景观特色的科技园。

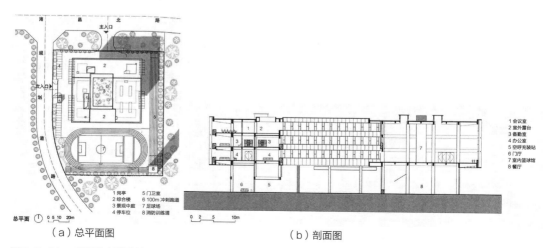

1 岗亭　　　　5 门卫室
2 综合楼　　　6 100m冲刺跑道
3 篮球场　　　7 足球场
4 停车位　　　8 消防训练塔

总平面　　0 5 10　　20m

（a）总平面图

1 会议室
2 室外看台
3 备勤室
4 办公室
5 空呼充装站
6 门厅
7 室内篮球馆
8 餐厅

（b）剖面图

图2-2-11　成都天府消防站

2　现代建筑的庭院空间组合

（c）庭院内景图一

（d）庭院内景图二

图2-2-11　成都天府消防站（续）

（图片来源：刘艺．成都天府消防站［J］．建筑学报，2018（03）：60-64．）

该建筑为成都市天府新区第一个消防站，集办公、消防指挥、救援、训练、宣传于一体，将建成为面向未来的高标准消防站。消防站底层采用全架空方式，以争取更多的消防停车及活动空间。消防站注重公众教育，通过打造独立的参观流线，外来人流不干扰消防队日常运行。完整的独立参观流线，方便对市民开放，成为新一代消防站的功能亮点。

鉴于原消防站各功能体量小，分散建设占地过多，不能形成整体有力的形象，所以设计采用了集中布局方式，将大队办公楼、中队营房楼、食堂、多功能训练馆、公众参观廊等整合布置，形成环形的平面布局。功能紧凑高效，并留出完整的训练场地。庭院绿化是部队营房的传统，主体建筑呈"U"形开口布局，将阳光和通风引入绿化内庭。

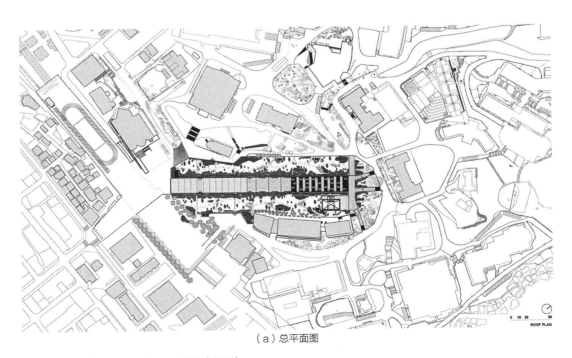

（a）总平面图

图2-2-12　首尔梨花女子大学教学楼（韩国）

（b）鸟瞰图

（c）庭院内景图一

（d）庭院内景图二

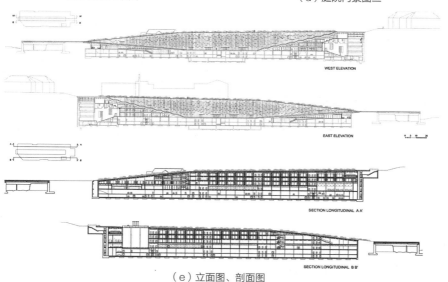

（e）立面图、剖面图

图2-2-12 首尔梨花女子大学教学楼（韩国）（续）
（图片来源：谷德设计网）

该建筑是韩国首尔梨花女子大学内的一座教学楼，位于校园中心，周围环绕着校园建筑与城市建筑。场地与校园、城市有着紧密的联系，建筑方案必须考虑其对城市范围的影响，而一个景观化的建筑能让场地和城市连接起来。建筑主体埋入地下，屋顶为校园的公共绿地，中央一条坡道缓缓下沉，不仅为师生提供到达建筑与穿越场地的路径，更是为其两侧的主体建筑提供自然通风采光的界面。这条坡道属于典型的"量变产生质变"：当宽度超过一般通道的宽度，空间属性就由交通空间向庭院空间转换，即人在其中的空间感觉更倾向于身处于庭院中的空间体验；其对于临近空间的意义也由单纯的交通连接转向庭院空间的属性，即被室内空间围绕的室外空间，为室内空间提供自然光、自然通风及四季变换的景色。

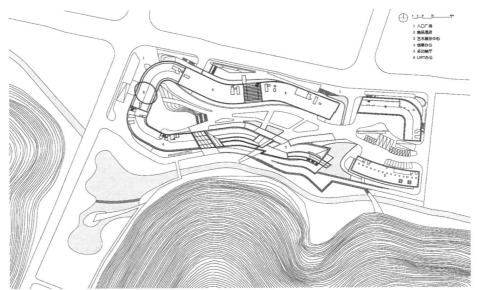

（a）总平面图

（b）庭院内景图一

（c）庭院内景图二

（d）庭院内景图三

（e）庭院内景图四

图2-2-13　杭州凤凰创意大厦

（f）庭院内景图五　　　　　　　　　　　（g）庭院内景图六

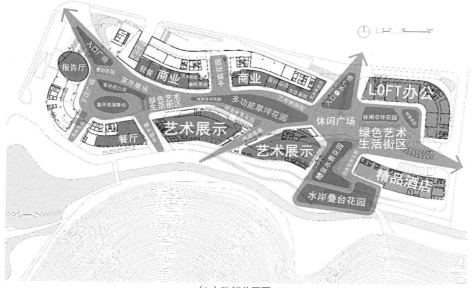

（h）功能分区图

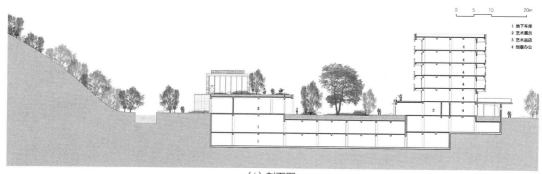

（i）剖面图

图2-2-13　杭州凤凰创意大厦（续）
（图片来源：谷德设计网）

集办公、会议、旅馆、购物、展览等多种功能为一体的超大型综合体，坐落于杭州凤凰山的风景区，以曲线形贴合山形水势。南低北高的半包围式建筑围合出街区式庭院，结合下沉广场与草坪水面等空间与不同标高层间进行了视线共享，庭院的设计手法与现代建筑功能与生活完美地结合在一起。

凤凰创意大厦的建成为园区中增添了一处可工作、可游、可居、可购的场所，也是创新理念、庭院组合与商业文化的结合实践成果。

在建筑设计上常常出现成片的建筑布局或大体量的建筑，这些建筑整齐划一，但稍欠活泼，为了克服成片建筑或大体量建筑空间的单调感、满足设计中局部处理的灵活性以及采光通风等技术要求，常采用抽离与嵌入的手法将建筑中的局部空间形成庭院空间（图2-2-14～图2-2-16）。这种设计构思，就是把庭院空间与建筑更加紧密地结合在一起，形成一种建筑之中有庭院，庭院之中有建筑的"复合空间"。在建筑设计中抽离与嵌入的手法是相辅相成的，抽离一块建筑实体形成空间或灰空间（或嵌入一庭院空间），形成虚实对比，如抽离高层建筑某层或某部分的实体功能形成空中庭院，不仅能减弱高层建筑庞大体量带来的压抑感，同时能够为其中的人们提供更多的交往空间与自然空间，详见本书"2.3.4空中庭院章节"；又如在建筑下部一角嵌入入口空间等。抽离与嵌入的手法将庭院延伸至建筑内部，使得建筑内外通达、情景交融。

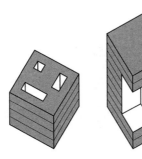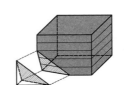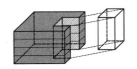

图2-2-14　抽离与嵌入分析图
（图片来源：自绘）

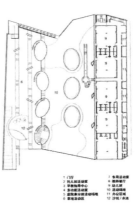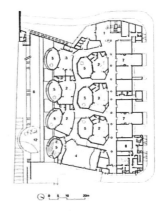

（a）总平面图　　　　　　　　（b）一层平面图　　　　　　　　（c）二层平面图

图2-2-15　上海嘉定新城双丁路幼儿园

（d）鸟瞰图　　　　　　　　　（e）庭院内景图一　　　　　（f）庭院内景图二

图2-2-15　上海嘉定新城双丁路幼儿园（续）

（图片来源：庄慎，任皓，华霞虹.上海嘉定新城双丁路幼儿园［J］.建筑学报，2014（01）：66-71.）

该幼儿园的独特之处在于突破拘谨的场地条件，采用聚合的布局模式，运用抽离的方法形成均匀分布的庭院，将建筑和活动场地做整体式设计，形成了儿童学习、生活、活动交融穿插的新天地。

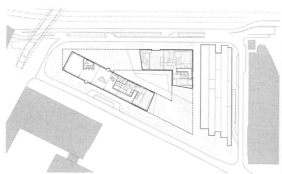

（a）总平面图　　　　　　　　　　　　（b）实景图一

（c）鸟瞰图　　　　　　　　　　　　（d）实景图二

图2-2-16　日本烟草国际公司新总部（日内瓦）

（图片来源：网络）

该项目采用单一的体量，建筑的对角被架高，其下部入口嵌入入口空间，形成独特的体量上的三角锥形入口及平面上的三角形庭院，巧妙地迎合了三角形用地，还将人引导至中央庭院，从而向当地社区敞开大门，让行人能够直达交通运输枢纽，实现了整个场地的渗透性。公共庭院透露出来，有了贯穿场地的通透性，不仅增强了建筑对周边的开放性，还提升了行人直接通往当地交通枢纽的便捷性。

2.2.3 组合式

轴线是传统院落组合的重要方法，一般以对称、串联、明确、庄重为其主要特征，而在庭院中延伸为组合—串联的方法。

组合式（图2-2-17～图2-2-25）体现在一个个单一的庭院通过有序的排列与组合形成富有空间层次的院落空间，体现在空间渗透与空间组织上。在组合过程中，不仅是多个庭院空间的组合，也是多种建筑庭院空间组合方发的组合，如内院式与围合式相结合。

在庭院空间中交替布置的室内与室外两种截然不同的空间形式。在界面通透的状态下（如景墙、柱廊、玻璃幕墙等），从一侧室内空间可以通过庭院看到另一侧的室内空间，以静态观赏方式，感受庭院室内外空间的联系与渗透，以及在此过程中所体现出来的虚实变化。

在院落群体中，若干个庭院的空间组合形成了室内外空间交替布置的构成形式。通过室内外空间的明暗、大小、封闭与开敞等对比，使人在运动过程中感受到空间的组织秩序。

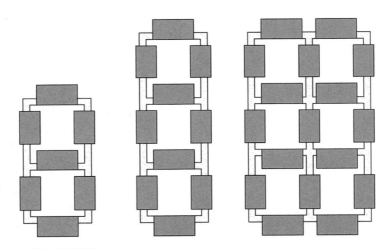

图2-2-17　组合式分析图
（图片来源：自绘）

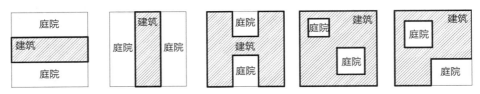

图2-2-18　组合式平面位置关系分析图
（图片来源：自绘）

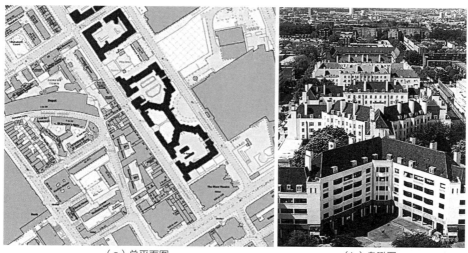

| （a）总平面图 | （b）鸟瞰图 |

图2-2-19　英国奥瑟顿公营住宅项目

（图片来源：周静敏，苗青. 英国的公营住宅建设历程研究 [J]. 建筑学报，2019（06）：60-66.）

住区以种满植被的中庭为中心布局形成一个个围合庭院，住宅楼底部面向庭院设置有拱形的长廊方便居民的出行与交往。

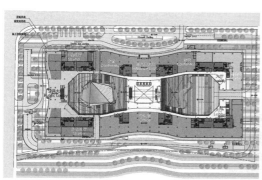

（a）总平面图

（c）庭院内景一

（b）建筑模型

（d）庭院内景二

图2-2-20　新浪总部大楼（中国北京）

（e）中庭　　　　　　　　　　　　　　　（f）庭院内景三

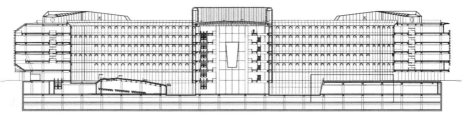

（g）剖面图

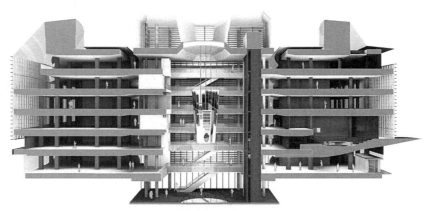

（h）剖透图

图2-2-20　新浪总部大楼（中国北京）（续）
（图片来源：谷德设计网）

项目是包括办公研究室、会议室、企业展示区、员工福利区（娱乐、休闲设施、餐厅、超市）、地下车库、设备用房等功能的大型综合性办公楼。

受建筑高度不超过32米的制约，因此项目布局以紧贴地块边沿建造，设计结合两个内部庭院空间创造出经典的围合式庭院建筑。垂直交通位于建筑中央的中庭——"新浪之眼"，同时设置12米高、呈锥形的媒体屏幕，传送新浪网及新浪微博上的即时资讯。设计立意以媒体技术和信息流通的发展"无限"符号——"∞"为概念，隐喻着数码世界的广阔前景。空间布局利用模块化方法，可按需做出调整，确保最大的灵活性。

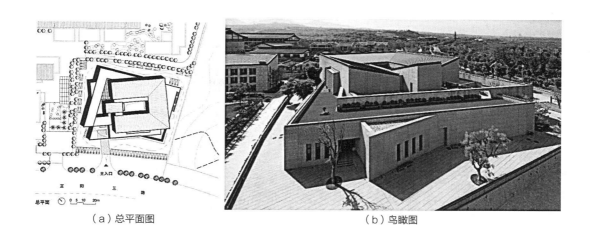

（a）总平面图　　　　　　　　　　　　　（b）鸟瞰图

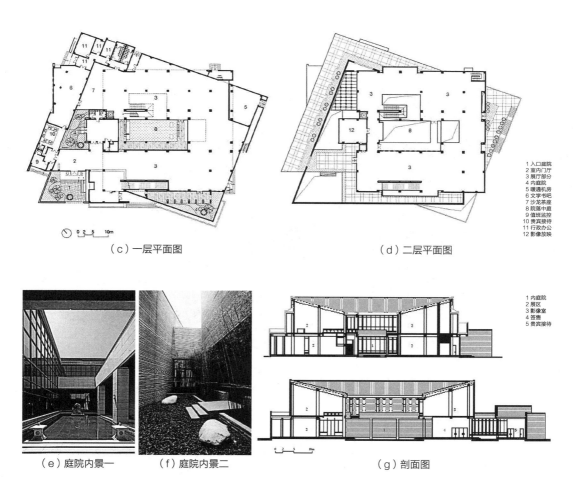

1　入口庭院
2　室内门厅
3　展厅部分
4　内庭院
5　暖通机房
6　文学书吧
7　沙龙茶座
8　院落中庭
9　值班监控
10　贵宾接待
11　行政办公
12　影像放映

（c）一层平面图　　　　　　　　　　　　（d）二层平面图

1　内庭院
2　展区
3　影像室
4　签售
5　贵宾接待

（e）庭院内景一　　（f）庭院内景二　　　　　　（g）剖面图

图2-2-21　贾平凹文化艺术馆（中国西安）
（图片来源：屈培青. 贾平凹文化艺术馆［J］. 建筑学报，2015（07）：68-73.）

该建筑通过抽离的手法，形成一主三从共四个庭院，其中主庭院位于建筑的中心，四周实体建筑空间围合且屋面向庭院倾斜，形成"凹"字形剖面空间，使人联想到贾平凹名字中的凹字，巧妙至极。交错有致、富于变化的建筑形体，与贾平凹文学艺术作品中丰富的文化内涵交相辉映。

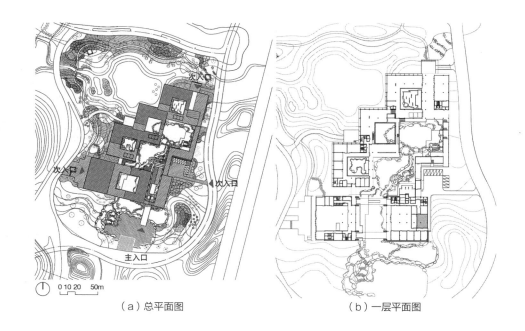

（a）总平面图 （b）一层平面图

（c）鸟瞰图

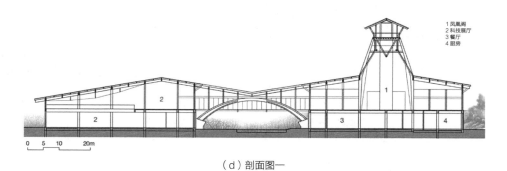

1 凤凰阁
2 科技展厅
3 餐厅
4 厨房

（d）剖面图一

图2-2-22 扬州江苏省园艺博览会主展馆

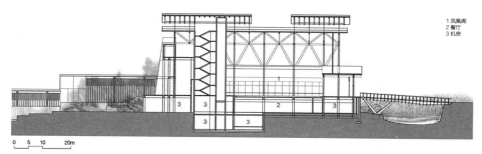

（e）剖面图二

1 凤凰阁
2 餐厅
3 机房

（f）庭院内景图

图2-2-22　扬州江苏省园艺博览会主展馆（续）

（图片来源：王建国，葛明．扬州江苏省园艺博览会主展馆［J］．建筑学报，2019（11）：26-32；王建国，葛明．别开林壑、随物赋形、构筑一体——扬州江苏省园艺博览会主展馆建筑设计［J］．建筑学报，2019（11）：33-37.）

该展馆体现了建筑与景观的结合，同时展现了对于自然形式、文化形式、建构形式的思考，以及地形建构等思想在建筑设计中的运用。设计中采用园房结合、园中有房、房中有园的策略，提供可游可居的复合使用途径。利用场地内的南北高差，设置了一个层层跌落的水庭，所有的室内展示空间均向水庭打开，获得良好的景观视线。设计同时考虑到了园博会结束后建筑的使用问题，采用绿色建筑技术，兼顾园博会期间的园艺展示和会后的游览、住宿等功能。

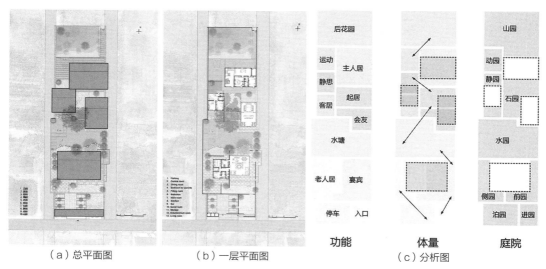

（a）总平面图　　（b）一层平面图　　（c）分析图

图2-2-23　深宅·自宅（中国江苏）

（d）鸟瞰图　　　　　　　　　　　（e）庭院内景一

（f）庭院内景二　　　　　　　　　　（g）庭院内景三

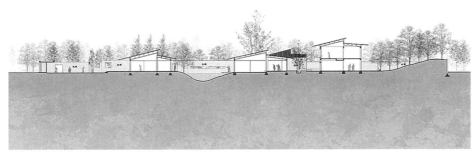

（h）剖面图

图2-2-23　深宅·自宅（中国江苏）（续）

（图片来源：谷德设计网）

在本身就已经狭长的基地中，建筑师通过一系列庭院空间实现空间的转折和递进，拉长了流线、视线和时间，最终空间序列形成一种深宅深园的有纵深层次的结果。建筑的原型来源于传统中国园林建筑中的"亭"，巨大的悬挑屋顶，使得建筑的边界同庭院融为一体。

在具体的场地规划中，思考的起点不是如何摆放建筑体量的"实"，而是如何组织"空"。"空"既是场景，又是功能，既是庭院，又是建筑。"空"是场地组织的基本单元，不同的"空"根据使用需求被安排在基地当中，再在每个"空"里划定内与外的边界。最终整理出大大小小形状不同的四座建筑及十个庭院。每个庭院之间边界模糊，庭院空间呈"之"字形错动，相互之间或掩抑，或渗透，或开放，或隔离。在游园的过程中，视线不断转折，而每一个停留却都能窥到前方空间若隐若现的场景，眼睛驱使脚步不停向前探索。原本是矩形的基地，因为"之"字形的空间拉动，进一步拉深了整个空间序列。

（a）鸟瞰图　　　　　　　　　　　　　　　　（b）庭院内景图一

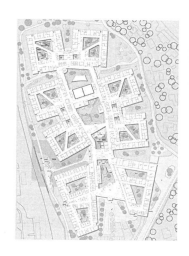

（c）各层平面图

（d）庭院内景图一　　　　　　　　　　　　　（e）庭院内景图二

图2-2-24　瓦埃勒精神病医院（丹麦）

（图片来源：谷德设计网）

该建筑一层是封闭的，保证了患者的安全。在建筑内部分区分层次地设计了多个庭院空间，一方面可减轻患者对于封闭空间的压抑感，第二方面是医护人员、患者等的交流活动空间，第三方面增强了建筑内部的光照，确保了对精神病患者的治愈作用，保持工作人员和患者的生物钟不紊乱。

（a）实景图

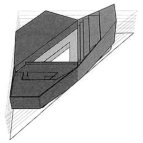

（b）体块分析图

（c）庭院内景图一

（d）庭院内景图二

（e）庭院内景图三

（f）庭院内景图四

（g）庭院内景图五

图2-2-25　青年中心（法国里尔）
（图片来源：网络）

青年中心用地为三角形用地，包括了青年旅馆、幼儿园及办公区域三种功能，建筑中央采用抽离的手法抽离出一个公共庭院，三个功能区域均围绕此庭院布置，每部分均有高度的私密性，还能确保空间之间的相邻性和连续性。建筑体量在每个拐角都采用嵌入的手法嵌入入口空间，既为周边的公关区域提供照明，又为这里带来了活力。

2.3 现代建筑庭院的类型

现代建筑庭院依据室外庭院地坪的设计标高分为地坪庭院、平台庭院、下沉庭院和空中庭院四种类型。

2.3.1 地坪庭院

地坪庭院（图2-3-1～图2-3-4）是最常见也是最基本的庭院类型。庭院与建筑室内外地坪标高齐平或微微抬升，因此庭院与建筑之间的出入比较便捷，交通联系紧密，适宜人流活动较多的庭院空间。庭院在布局上常位于几个主要建筑空间的结合处，如高低空间的结合处、大小空间的结合处、主次空间的结合处、单一空间和综合空间的结合处等。它可以是开敞的，人们可以从中穿越，也可以是封闭的，只供人在行进过程中的观赏但不能进入庭院中；可以是规则的，也可以是曲折变化的。其形式不拘一格，但目的都是相同的，那就是提示建筑空间功能、性质的变化，让人们在从一个空间进入另一个空间的过程中，在视觉上得到引导，在心理上得到缓冲和过渡。

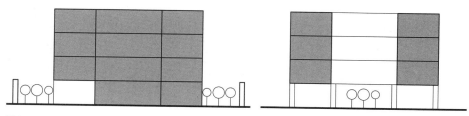

图2-3-1 地坪庭院
（图片来源：自绘）

（a）5号别墅一层平面图

（b）5号别墅庭院内景图

图2-3-2 黄山一号公馆别墅（中国黄山）

（c）1号别墅一层平面图　　　　　　　　（d）1号别墅庭院内景图

图2-3-2　黄山一号公馆别墅（中国黄山）（续）

（图片来源：张广源. 黄山一号公馆别墅[J]. 建筑学报，2010（03）：60-64.）

在建筑四周十分有限的空地划分成多个大大小小的庭院，并利用檐廊将其连接起来，庭院虽小，但通过庭院空间意境的塑造被赋予了不同的特征与风格。

（a）一层平面图　　　　　　　　（b）庭院内景图一

（c）庭院内景图二　　　　　　　　（d）庭院内景图三

图2-3-3　北京旬会所（中国北京）

（图片来源：朱小地. "蛰居"之处——北京"旬"会所[J]. 世界建筑，2011（02）：116-121.）

院子中最有特点的是几十年来逐渐形成的绿化环境，以乔木为主，主要是柏树、白皮松树和梧桐树，伴有一些观赏树木，其中有一些已经是北京市园林绿化局挂牌保护的古树。树木的位置布局恰到好处、姿态优美，与建筑相伴而生。这样幽静的环境与北京中心城区到处都是高楼林立的景象形成鲜明的对比，让人感到既兴奋又放松。建筑主入口位于南侧和中部建筑之间，设计师借用北京四合院中进入垂花门之后，由"仪门"遮挡，引导客人从两侧的"游廊"进入庭院各个房间的手法。

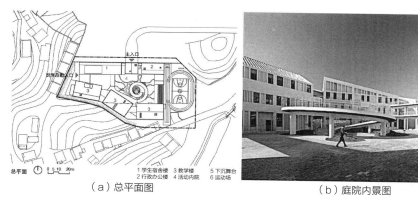

(a) 总平面图　　　　　　　　　　　　　　　　(b) 庭院内景图

图2-3-4　广东省河源市特殊教育学校

（图片来源：陶郅，苏笑悦，邓寿朋. 广东省河源市特殊教育学校 [J]. 建筑学报，2019（01）：88-92.）

地坪庭院具有良好的平整度，更适合特殊学校的孩子们在此休息、玩乐。在较大规模的庭院内部，通过环形坡道制造了一个小规模的"庭院"，这样一个小的庭院空间可以使这些特殊的孩子更有归属感、安全感。

2.3.2　平台庭院

随着经济的发展，城市化进程的加速，城市用地越发紧张，在建筑密度不断攀高的情况下，城市建筑群规模不断扩大，建筑功能类型增多，交通流线组织复杂，以20世纪70年代的香港为例，高层高密度建筑群相继涌现（居住区、商业区等）。整体园区的开发为解决一系列的工作、生活问题，设置车库以达到人车分流，设有裙房以布置生活设施、商业用房等，设置平台庭院（图2-3-5～图2-3-13）以满足人们的绿化环境、户外活动等多种需要。香港美孚新村、太古城、香港仔中心、置富花园等居住区的建设，使高层住宅与平台层庭园的规划同步建设达到了较高的水平。

改革开放的四十余年，城市化步伐加快，城市必须紧凑发展，在一些大中城市的居住区组群、商业街区、科技园区、教育园区也陆续出现新的街区平台庭院，不仅满足了社区多样而复杂的功能需要，又使城市街区空间环境得以完善。

另外日本地铁站及周边开发的案例，由于其空间的竖向功能分区，以平台庭院来组织区分功能空间，也可归类于平台庭院这一空间类型当中。目前国内也有不少类似的案例，有结合公交枢纽的，有结合地铁停车场、换乘站的等，其中最受人追捧的是重庆的李子坝轨道交通车站，该站在一栋住宅楼内，地铁穿楼而过，体现了设计与工程的奇迹。

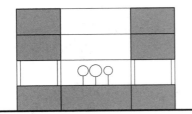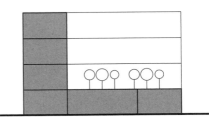

图2-3-5 平台庭院
（图片来源：自绘）

（a）鸟瞰图　　　　　　　　　　　　（b）轴测图

（c）庭院内景图一　　　　　　　　　　（d）庭院内景图二

图2-3-6 种植平台和体验馆（中国深圳）
（图片来源：谷德设计网）

内庭院西侧原本只是一个室外停车场。设计师为了改善内庭院的空间效果，将停车场变为停车库，在停车场的上方增添了景观大平台，大平台成为内庭院空间的延续，通向大平台的台阶成为内庭院举办户外活动时的观众座椅。平台上布满了错落有致的混凝土种植槽，不同喜好的人栽种不一样的农作物和灌木花草，形成有趣生动的景观。平台上的大洞口为平台下的停车场提供了良好的采光，而洞口中间的香樟树也为停车空间提供了绿意。

（a）鸟瞰图一　　　　　　　　　　　（b）鸟瞰图二

图2-3-7 唐仲英基金会中国中心（中国苏州）

（c）庭院内景图

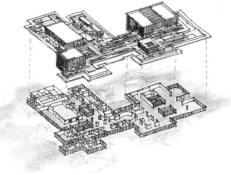
（d）轴测图

图2-3-7　唐仲英基金会中国中心（中国苏州）（续）
（图片来源：谷德设计网）

该建筑为一层（局部多层），以最大化减少对公园的压迫感。一层屋顶的平台花园是被抬高的公园"植被"，是视野极佳的"观景台"，提供了优美的活动场地。局部凸出的建筑体量（陈列馆、展示厅、多功能厅等）退在屋顶花园后，犹如几个"雕塑"，增加了整个建筑的空间层次。

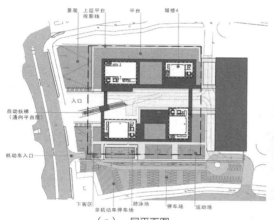
（a）一层平面图

（b）鸟瞰图一

（c）庭院内景一

（d）庭院内景二

图2-3-8　香港知专设计学院（The Hong Kong Design Institute）
（图片来源：谷德设计网）

香港设计学院位于香港岛东北部西贡区，毗邻将军澳的调景岭片区，四座耸立的塔楼通过基座平台、垂直交通、庭院、运动场地、公共空间及天桥组合成以教学为主，又为社区提供展览的大型多功能综合性建筑。平台层上庭院空间，提供了塔楼之间的日照、通风，又避免了基地四周城市道路车流的影响，平面规整，疏密得当，图底关系明确。

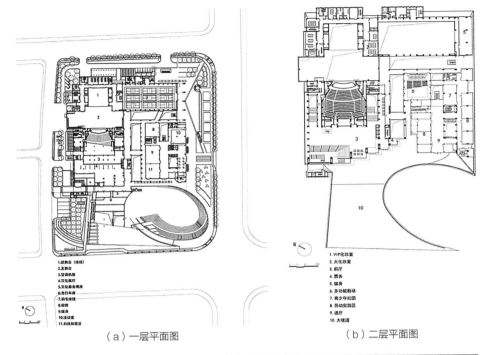

<table>
<tr><td>

1.观众台（待续）
2.主舞台
3.空调机房
4.文化展厅
5.文化服务用房
6.自行车库
7.羽毛球馆
8.阅览
9.健身
10.运动员
11.科技体验区

</td><td>

1.VIP化妆室
2.大化妆室
3.前厅
4.票务
5.健身
6.多功能剧场
7.青少年社团
8.劳动实践区
9.过厅
10.大坡道

</td></tr>
</table>

（a）一层平面图　　　　　　　　（b）二层平面图

（c）鸟瞰图　　　　　　　　（d）庭院内景

1 管理用房
2 过厅
3 中庭
4 水院
5 羽毛球馆
6 乒乓球馆

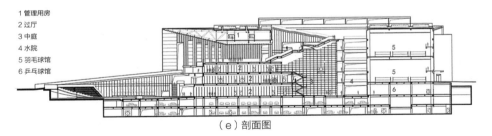

（e）剖面图

图2-3-9　义乌文化广场（中国浙江）
（图片来源：谷德设计网）

该建筑位于义乌江畔，是集文化娱乐、教育培训、体育健身等多种功能为一体的大型文化综合体。
这个建筑仿佛义乌的"城市礼盒"，向世人展示义乌城市新的形象，宣示义乌面向国际、面向未来
的文化信心。

该建筑有着多个不同标高的平台与屋面，设计聚零为整，以极简的建筑形体统筹复杂的建筑功能，
以宏大的体量使之区别于城市中的普通建筑。设计传承以庭院为中心的中国传统建筑营造，以立体
庭院为中心，其中的空间与动线组织起承转合，步移景异，也是传承中国传统园林空间组织手法。
剧院、健身中心、青少年宫三大功能区块围绕立体庭院呈合院展开。大屋顶下的城市舞台最受市民
所喜爱，每天清晨都有市民专程到此健身、运动、休憩。

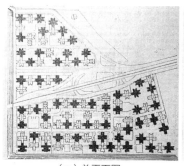
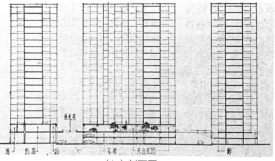

（a）总平面图   （b）剖面图

（c）实景图一

（d）实景图二

（e）实景图三

（f）庭院内景一

（g）庭院内景二

图2-3-10　美孚新村（中国香港）

（图片来源：a、b：顾馥保. 香港几个大型住宅区的规划设计介绍［J］. 中州建筑，1982（02）：60-64；c~g：顾馥保老师拍摄并提供）

美孚新村基本情况，见下表：

住宅区名称	住宅区用地（公顷）	住宅建筑	容纳户数（户）	居住人口（人）	人口毛密度（人/公顷）	建筑年限
美孚新村	16.19	20层，共99幢	13000	80000，实际100000	4941	1965~1976年，分八期

美孚新村是应对20世纪80年代香港人口急骤增加而建的，高的容积率及人口密度的中档住宅区分八期分批建成，历时十年。规划有较完善的配套设施：幼儿园、中小学、市场、商店、餐饮娱乐等。空间布局为立体式的：下面几层布置公共活动空间（包括车库、花园、商场及公交站地铁站等），其上为平台花园（平台为步行交通系统，平台下为汽车交通系统，在竖向上进行人车分流），平台以上为住宅。

美孚新村是众多新村中的一个代表，被高架桥分为南北两部分。住户可通过与城市道路相连的大台阶上到平台再进入住宅楼，也可以在车库停好车后直接通过电梯进入住宅楼。香港多山，往往一个住宅区四周道路及场地的高差较大，平台较好地解决了这个矛盾，平台相当于"找平层"，平台以上的住宅都在道路以上，不会出现地下、半地下的住宅的情况，平台以下可充分利用其空间设置一些对日照采光要求不高的功能空间，合理地最大化地利用土地。平台层多为绿化以及人们日常活动、儿童玩耍的空间。

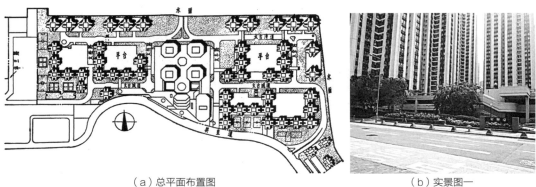

（a）总平面布置图

（b）实景图一

（c）平台庭院鸟瞰

（d）实景图二

图2-3-11　太古城（中国香港）

（图片来源：（a）袁镜身，于家峰. 香港几个住宅区规划设计介绍 [J]. 建筑学报，1980（06）49-54；（c）顾馥保. 香港几个大型住宅区的规划设计介绍 [J]. 中州建筑，1982（02）：60-64；（b）（d）顾馥保老师拍摄并提供）

太古城是香港一个较大规模的住宅区，以平台为中心分为多个组团，从总平面布置图中可以看出，每个住宅组团都是住宅建筑围绕平台庭院布置，商店、绿化及公共休闲娱乐活动场所也是围绕平台庭院布置，平台下一般为二层汽车库。

（a）实景图一　　　　　　　　　　　　　　（b）实景图二

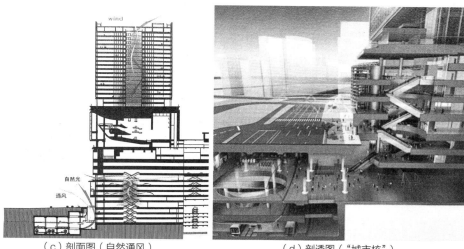

（c）剖面图（自然通风）　　　　　　　　　（d）剖透图（"城市核"）

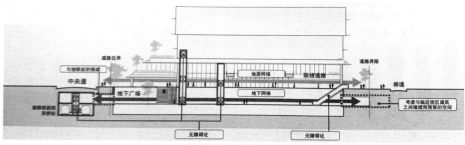

（e）步行网络意向图

图2-3-12　涩谷站（日本）

（f）涩谷站周边未来景象

图2-3-12 涩谷站（日本）（续）

（图片来源：日建设计站城一体开发研究会. 站城一体开发——新一代公共交通指向型城市建设［M］. 北京：中国建筑工业出版社，2014.）

涩谷与新宿、池袋并列为东京三大副都心，是东京最具代表性的商圈之一。涩谷的轨道交通十分发达，多条交通线路贯穿于此地，宛如这个以音乐、年轻、潮流著称的都市的生命血脉，支撑着涩谷年轻又澎湃的心跳。涩谷站是一个轨道交通车站，更是一个TOD街区，通过平台庭院的巧妙利用，与多种复杂功能的垂直方向的综合，达到了土地的高效利用与资源的高度整合。

TOD（Transit Oriented Development）即公共运输导向型开发。TOD模式主要指以公共交通枢纽和车站为核心，以400～800米（步行5～10分钟的路程）为半径建立中心广场或城市中心，倡导高效、混合的土地利用，融商业、住宅、办公、酒店等集于一身。此外，其环境设计对行人友好，可以有效控制步行空间。

涩谷站的步行系统不仅仅是平面层次，其在立面层次的步行路线规划更胜一筹。由于涩谷的谷地地形高差变化较大，设计者因地制宜，建立一个地下至地上共四层的空间步行系统，联通了地铁车站、地面、连廊、空中走廊以及"城市核"建筑，打造出一个连贯新颖的步行网络。整个立体系统由"城市核"的电梯系统串联，考虑到客流量之大，车站整体设计空间十分充足，但每一层却有相关设施指引步行，令层次性空间富有回游性。

在涩谷TOD街区内，除了有立体的空间步行系统，使人们可以在车站与不同功能的区域中通行，还有连廊、平台等连接设施，使得涩谷站犹如一个发电箱，将人流的电力通过四通八达的"电线"运输到不同地方。

通过规范停车、路权分配，提升出行能力。将稀缺宝贵的城市空间资源从非必要的机动车道和停车空间中释放出来，转换成社会效益和经济效益更高的用途。

|（a）实景图一|（b）实景图二|（c）实景图三|

图2-3-13　李子坝站（中国重庆）

（图片来源：自摄）

李子坝站紧邻山体，在一座商住楼中，该楼下部几层为商业，上部为住宅，车站位于商业与住宅的转换处。很多商住楼有结构转换层，车站巧妙地利用了结构转换，这样不会额外增加太多的成本就能达到车站对于结构抗震、结构强度等的要求。该车站的弊端在于从城市道路到站台层需要上七层的高度，乘客一直在不停地乘坐扶梯、转弯、乘坐扶梯，转很多个弯才会到达站厅层，然后买票进站，一路上的空间体验很无趣很单调。由于地铁穿楼而过的独特体验，该车站成了网红打卡地点，每天都有很多游客在此拍照录像，为当地的旅游发展做出了贡献。

2.3.3　下沉庭院

　　城市空间由于高密度的开发及容积率的限制（地下空间面积不计入容积率），庭院空间出现向地下发展的趋势，下沉庭院（图2-3-14～图2-3-20）成为创造公共交往空间的首选。下沉型庭院常设计于建筑临城市空间一侧、建筑与建筑之间的空隙处或建筑内部内院下沉。下沉庭院的布置往往与地下功能用房相结合，既满足了地下空间的采光、通风和垂直交通，也增加了户外庭院的层次感。下沉庭院空间的竖向界面形式有垂直式和退台式两种。

　　下沉庭院传承了传统庭院空间内向性的特征，由下沉的建筑或界面围合而成。这些边界具有强烈的限定性，使空间产生自身的领域感，并形成自由的活动空间。由于下沉庭院嵌于地下，与地上空间存在明显的高差，不易受地上活动的干扰，因而拥有独立的场所领域感，且有较强的安全性和私密性。下沉式庭院属于公共空间的一种特殊表现形式，其空间特征和空间构成要素为使用者带来更为丰富的空间体验，从而区别于其他形式的公共空间。

　　首先，与地坪庭院的开放空间相比，其下沉式开放空间是立体型空间，具有相对独立性。下沉庭院由于下沉形成了高差，在一定程度上断开了与地面的直接联系，也限定了人流的出入，但却有利于形成相对独立的空间区域。下沉式庭院的界面则是由下沉断面所限定，具有强烈的围合感和独立性。其次，较之封闭的室内下沉庭院，开放的下沉庭院基本处于室外或半室外的公共场所，具有更为强烈的公共性，同时对过往人流也可产生有效的引导。室外或半室外的开放式下沉庭院常常作为地下功能空间的出入口，并和地下室内交通空间相连接，以引导和疏散人流。此外，建筑下沉开放空间对于提高建筑地下空间的利用价值具有极高的意义。它为地下空间带来人流、视线以及自然的阳光与空气，能极大地改善多数人对传统地下空间的认知与恐惧感，吸引地面人流进入，而且能将地下临边建筑形象及立面展现在众人的视野中，增加曝光度。

依据下沉庭院在建筑中不同位置的设置所表现出来的功能也不一样。

（1）入口引导型：此类下沉庭院多作为建筑地下空间的入口，用于打破地下空间的封闭感，不仅强化了地上及地下空间的渗透与联系，还弱化和消减了地下空间对人生理和心理等方面的不利影响。建筑入口处的下沉式庭院在视觉上极具优势，能引起过往人们的停驻观望，同时引导人们进入下沉空间和地下空间，这些空间结合景观和城市地下交通功能来设计，可以吸引大批的人流。

（2）街道连续型：在建筑群中，下沉式开放庭院呈连续的街道形态，连接着各个空间节点，其空间形态强调纵深感，从而突出空间的引导性，设置多个空间节点打破单调的线性空间。

（3）内庭集散型：内庭集散式下沉庭院位于由建筑围合的空间内，具有很强的围合感。内庭院不仅是空间的交叉点，也是人流聚集之处，实现了空间的转换和人流的集散。

（4）多种组合型：一些大型项目设置有两种以上的下沉空间。这样所形成的下沉式庭院综合了上述类型的特点。下沉式开放空间兼具了空间引导、空间延续以及人流集散的功能。

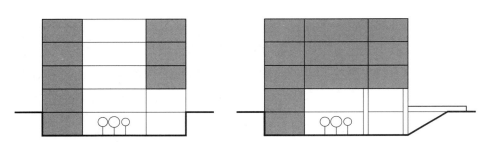

图2-3-14　下沉庭院
（图片来源：自绘）

（a）俯视图　　　　　　　　　　　（b）庭院内景图

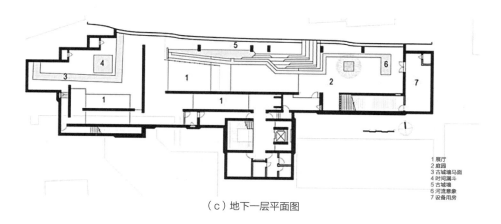

1 展厅
2 庭园
3 古城墙马面
4 时间漏斗
5 古城墙
6 河流意象
7 设备用房

（c）地下一层平面图

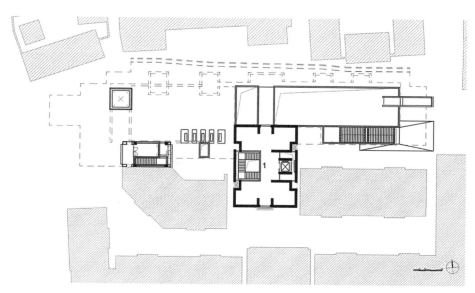

1. 门厅及序厅

（d）一层平面图

图2-3-15　徐州城墙博物馆

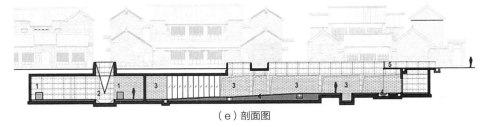

(e)剖面图

图2-3-15 徐州城墙博物馆（续）

(图片来源：冯正功，蓝峰. 徐州城墙博物馆[J]. 建筑学报，2018（04）：54-59.)

城墙博物馆以现代语境表达传统建筑，隐喻时间交错与链接。博物馆在地面层和地下层两重标高展开。博物馆终以室外下沉庭园收尾。下沉庭园北侧可见到古城墙，古城墙同时作为展品与空间构建。

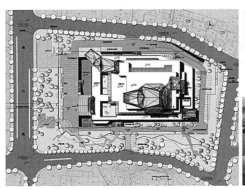

（a）总平面图

（b）鸟瞰图

（c）庭院内景图一

（d）庭院内景图二

图2-3-16 浙江美术馆（中国杭州）

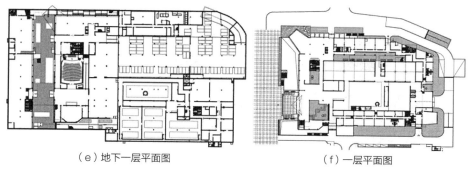

（e）地下一层平面图   （f）一层平面图

图2-3-16　浙江美术馆（中国杭州）（续）

（图片来源：（a）（b）（d）（e）（f）谷德设计网；（c）杨超英，赵伟伟. 浙江美术馆［J］. 建筑学报，2010（06）：60-65.）

建筑依山形展开，并向湖面层层跌落。起伏有致的建筑轮廓线达到了建筑与自然环境共生的和谐状态。粉墙黛瓦的色彩构成、坡顶穿插的造型特征，特别是以大片白色墙面为图底，以黑色屋顶构件勾勒，自然而又充分地流露了江南文化所特有的韵味，坡顶变形生成出多种形态的锥体与水平体块的穿插组合又使建筑充满强烈的雕塑感和现代感。

建筑入口处与建筑内部下沉庭院的处理，不但增强了空间的流动性，也使人联想到了江南建筑的庭院，使得整个建筑不但从外形上体现了江南文化，更从空间组合上体现了江南建筑的特点，表里如一，浑然一体。

（a）实景图

（b）庭院内景图一   （c）庭院内景图二

图2-3-17　上海万象城（中国上海）

（图片来源：a：谷德设计网；b、c：顾馥保拍摄并提供）

上海万象城是上海首个地铁停车场上盖综合体项目，功能包括购物中心、写字楼、酒店及我国首个地铁博物馆，总建筑面积达53万平方米。设计采用下沉庭院，很好地结合了街道与地铁及商业的流线，属于街道连续型。

（a）庭院内景图

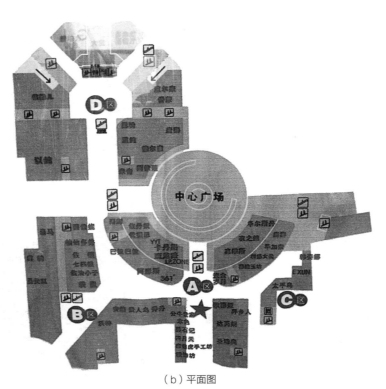

（b）平面图

图2-3-18 德化步行街（中国郑州）
（图片来源：顾馥保拍摄并提供）

德化步行街位于郑州市中心的二七商业区，临近火车站，人流量较大，该商业区设计采用步行街的形式，引导与分流人流，避免过度集中。在各"街道"交汇的中心区域设置一下沉庭院（即平面图中的中心广场），引导人流由地上进入地下商业区，同时成为整个商业区的地标，常有商业活动在此庭院内举行，庭院及庭院上方周围的围栏处，则成为最佳观看点，扩大了商业宣传效果。

（a）鸟瞰图一　　　　　　　　　　　　　　（b）鸟瞰图二

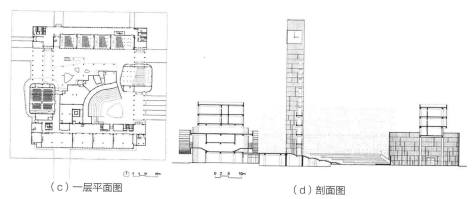

（c）一层平面图　　　　　　　　　　　（d）剖面图

图2-3-19　大连理工大学辽东湾校区教学主楼（中国大连）

（图片来源：张伶伶，赵伟峰等. 大连理工大学辽东湾校区［J］. 建筑学报，2015（03）：30-37.）

整体为"回"字形，建筑一层西侧、东侧局部架空将人流引入底层围合的内庭院。内庭院设置露天讲堂，逐渐升高的看台一直升至二层，与二层屋顶平台相衔接，并在其下部设置相关设备用房。北侧通过室外大坡道与二层内庭院相连。该内庭院由传统的景观空间衍生为使用功能空间。内庭院弧形看台设置棕红色防腐木座板，与庭院整体地面铺装相映衬，其色彩与线条的变化使整个庭院空间富于韵律与动感。

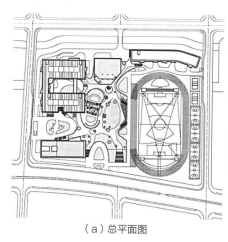

（a）总平面图　　　　　　　　　　　　　　（b）鸟瞰图

图2-3-20　宁波效实中学东部校区

（c）庭院内景图一　　　　　　　　　　　　（d）庭院内景图二

图2-3-20　宁波效实中学东部校区（续）

（图片来源：张煜，刘镕玮. 活力之丘——宁波效实中学东部小区设计 [J]. 建筑技艺，2018（12）：78-85.）

整个校园以"活力之丘"为设计构思，采用架空连廊和平台在二层处将各个单体相连，整合成一个完整的集合体。整个围合空间采用了地面庭院、下沉庭院和空中庭院，并辅以轻松明快的建筑外表皮及色彩，创造出一个符合青少年探知欲的多维灵动空间。

2.3.4　空中庭院

随着建筑的演变，新的空间类型不断产生，庭院空间以各种方式出现在各类建筑中。建筑的发展趋势已经不再是一味的水平伸展，取而代之的是垂直方向上的发展。建筑中的庭院也由原先单一的平面空间进入了更为复杂的三维立体空间。空中庭院的出现解决了这种三维立体庭院空间的立体绿化问题。空中庭院（图2-3-21～图2-3-26）就是在垂直方向发展的广义的现代庭院，它突破了传统庭院的原型，并具有室内空间的特征，具有侧向通风、采光和更为开阔自由的围合模式。现代建筑中的空中庭院已经发展成为以提供公共活动场所为目的，同时能够与自然要素（光、空气、植物和水）进行交换，并具有改善空间环境、空间组织等其他功能的室外非接地空间。

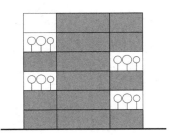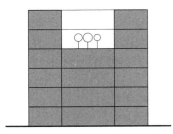

图2-3-21　空中庭院

（图片来源：自绘）

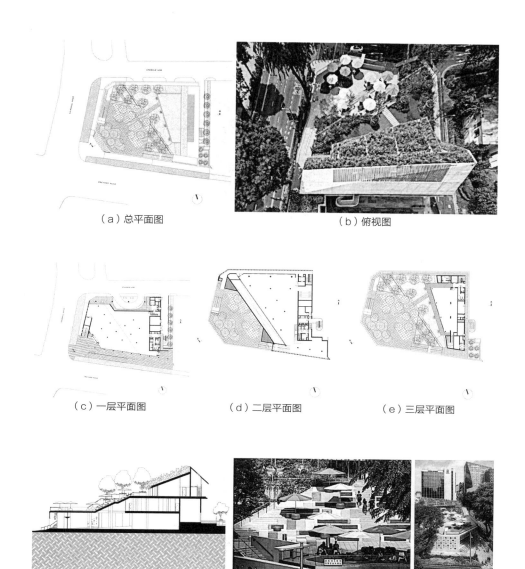

（a）总平面图　　　　　　　　　　　　　（b）俯视图

（c）一层平面图　　　　　（d）二层平面图　　　　　（e）三层平面图

（f）剖面图　　　　　　（g）庭院内景图　　　　（h）鸟瞰图

图2-3-22　某创意零售综合体（Design Orchard）（新加坡）

（图片来源：网络）

当今社会，零售业的面貌正在迅速地发生变化，该项目体现出了一个新的概念：旨在培养新加坡新兴的创意人才，将零售空间与孵化空间相结合，希望能够将设计的各个阶段（从概念到生产，从展示到零售）结合在一起。

这座阶梯式的三层楼建筑向下延伸至乌节路和凯恩希尔路的交界处，整栋建筑不论是在底层还是在上层的视线范围都非常开阔，并且100％的场地区域都是公共空间，更有公共无障碍屋顶露天剧场环绕在郁郁葱葱的花园之中。该建筑开放式零售空间与地面同高并临街。

屋顶的公共空间与街面成一定角度，形成了一个城市圆形剧场的样子，并由一个遮阴的屋顶口袋公园环绕。这个公共空间用以举办户外时装表演、音乐会等活动。零售和孵化空间由一个内部中庭连接，并提供了两个空间之间的视觉连接。

三楼的孵化器空间和咖啡厅可以直接俯瞰到屋顶公园。该建筑为年轻设计师提供了一个从概念到生产的培育环境，在下面的零售空间销售他们的产品，并在屋顶花园圆形剧场用时尚和设计活动展示他们的设计。

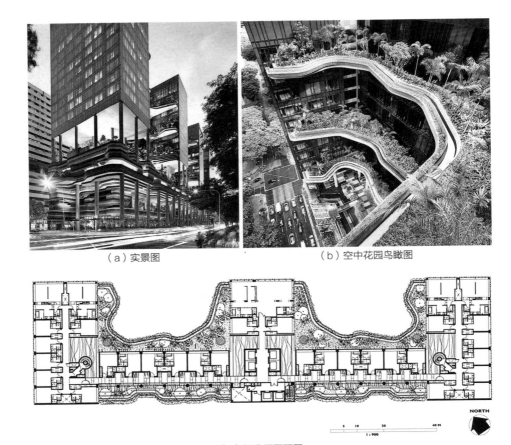

（a）实景图　　　　　　　　　（b）空中花园鸟瞰图

（c）标准层平面图

图2-3-23　花园酒店（Parkroyal on Pickering）（新加坡）

（图片来源：谷德设计网）

12层的酒店被放置在一个挑起5层楼高度的平台上，大部分客房都掩映在空中花园里。走廊和服务用房设置在南侧。大部分时间，这些房屋都处于赤道炎热气候的凉爽阴影中。出挑平台借鉴了侵蚀岩石的横纹肌理，横向纹理缝隙间恰当地栽植了树木和藤木。这个开放的全新酒店用恰当的体量和无处不在的绿色，对城市做出了优雅的回应，变成周围环境中的一个耀眼存在。

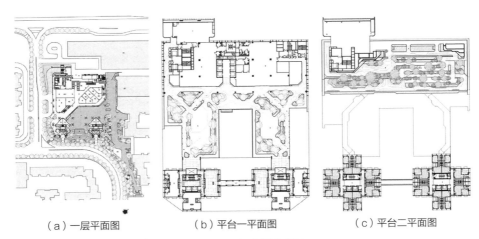

（a）一层平面图　　　　　（b）平台一平面图　　　　　（c）平台二平面图

图2-3-24　某社区综合体（Kampung Admiralty）（新加坡）

（d）鸟瞰图

（e）庭院内景图

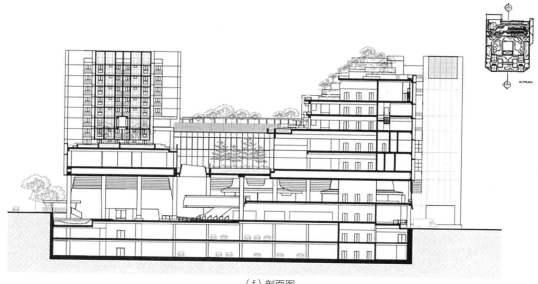
（f）剖面图

图2-3-24　某社区综合体（Kampung Admiralty）（新加坡）（续）

（图片来源：网络）

这是一个混合用途的开发项目，将大量公共设施集中在一栋建筑内。这个一站式的综合体最大限度地利用了土地，以满足新加坡人口老龄化的需求。由于场地紧张，建筑师设计了一个由三个"地层"组成的多样化的垂直村庄，像"总会三明治"一样，下层可容纳一个社区广场，上面有一个医疗中心。最上面的楼层设有一个社区公园，为老年人提供住宿。

作为社区客厅，被上层楼层遮盖着的底层广场，无论天气情况如何，都能在这里举办各种活动和节目。由于中央庭院的设置，二楼的医疗中心充满了自然光。屋顶公园的规模很小，可以让居民聚在一起锻炼、聊天或照料社区农场。托儿所和自带老年人护理服务的老年人活动中心等附属功能空间并排设置，将年轻人和老年人聚集在一起。立体化的空中庭院，立体化的功能布置，使得这座建筑变化丰富，毫不枯燥。

（a）实景图

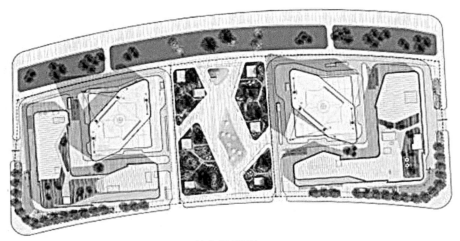

（b）总平面图

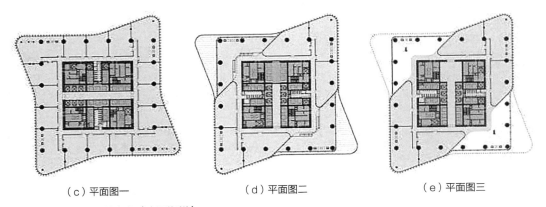

（c）平面图一　　　　　　　（d）平面图二　　　　　　　（e）平面图三

图2-3-25　郑东绿地中心（中国郑州）

（f）空中庭院实景图　　　　　　　　　　　（g）剖面图

图2-3-25　郑东绿地中心（中国郑州）（续）

（图片来源：谷德设计网）

空中庭院一般被设计在气候较为温和的地区，郑东绿地中心则是将空中庭院应用于寒冷地区的一个案例。由于气候条件的限制，该建筑空中庭院规模较小，植被较少，尽管如此，依然为建筑立面提供了丰富的变化，为使用者提供了放松与贴近自然的机会。

郑东绿地中心坐落于高铁东站西广场主轴线上，面向市中心，直指郑州东站，并在其西侧临近公共公园一侧构成大门的意象。284米高度明显高于周边建筑，成为郑州城市天际线上的重要地标。郑东绿地中心双塔高63层，内部主要为办公空间。两座塔楼各拥有一个"L"形裙楼，其内设有商业功能。裙楼和塔楼之间设有贯通走廊。

塔楼平面呈风车状结构，中间包围着正方形交通核心。所有办公空间可通过幕墙竖框中间设置的暗槽实现自然通风。垂直方向上每隔八层的办公空间都拥有一座气势恢宏的空中花园，供入驻的企业举办各类大型活动。同时使用者还可以在高空室外平台上欣赏郑州城市景观，相较于其他封闭的高层建筑而言，这点令其与众不同。双塔顶层设有一座八层高的"天空中庭"，是举办艺术展览和公共活动的理想场所，公众可以在240米高空体验独一无二的都市氛围。

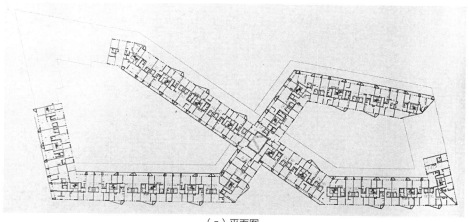

（a）平面图

图2-3-26　8号住宅（丹麦哥本哈根）

（b）实景图

（c）庭院内景图一

（d）庭院内景图二

图2-3-26　8号住宅（丹麦哥本哈根）（续）

（图片来源：BIG建筑事务所. BIG建筑事务所作品集［M］. 鄢格译. 沈阳：辽宁科学技术出版社，2011.）

该住宅建筑兼具办公及商业空间，总建筑面积达6.1万平方米。商用空间位于一层临街处，面积达1万平方米。住宅区共分为三种类型：不同规格的公寓、阁楼，以及排房。建筑对角线一角抬高一角降低，人们可通过降低的一角直达东侧的人工运河。建筑中央设计有两个亲密感十足的内部庭院空间，乡村的恬淡幽静与城市的动感活力相互依存，公共空间及设施与个人生活完美融合，蜿蜒连续的小径从底层延伸，业主们还可骑着自行车到达顶层，倾斜的屋面种着绿植，使人觉得仿佛来到了意大利小山城。

3
庭院空间组合要素

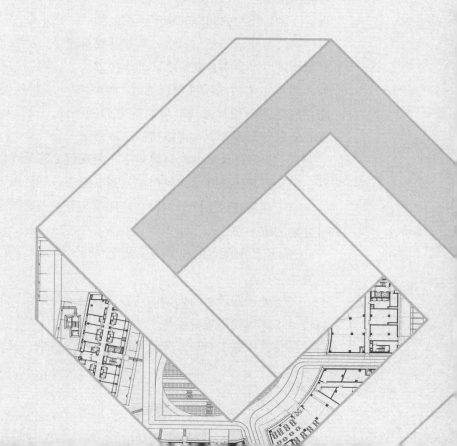

3.1 建筑庭院要素

庭院是一个具有基本结构的完整空间体系。它是由若干个要素构成，不同的构成要素以及要素之间的组合关系使得庭院空间具有其自身的特征。因此，对庭院构成要素及其空间构成关系的解析与把控是对空间关系分析研究的前提和基础。就其建筑庭院的形成而言，其构成要素包括限定空间的围合要素以及庭院空间内的景观要素。

围合要素主要指围合的界面，而界面的围合、封闭是建筑庭院的基本特征，其自身除了可界定的底界面以外，四周的侧界面都必须依赖实体围合要素加以界定。但现代建筑的庭院由于功能、基地环境、规模、安全等不同要求，周边的一侧、二侧的建筑界面被断开，打破了界面的连续性，而后又通过不同的围合要素、不同的处理手法，使界面的连续性得以完善。就空间角度而言，庭院由内侧界面限定围合，并决定了庭院的空间大小、形态、比例和尺度。侧界面为出入口、墙、廊、建筑小品以及绿化等。而围合建筑本身的开敞程度也决定了庭院围合度的大小。而界面直接影响到建筑功能的作用与人的认识与心理感受，故庭院的围合限定界面也是设计中的重要一环。从功能角度而言，它是确定庭院空间形状的物质实体，因其可观、可感也是实现空间围合感与内向性的物质基础。同时，它是庭院功能使用的承担者，针对不同类型建筑的使用需求，调整其建筑大小、形状、高度、质感、颜色、开敞程度以及各围合要素之间的连接方式，以确保功能使用的基本要求。此外，建筑主体的底层界面，通过门窗的敞开或封闭，视线隔而断、隔而不断，或空间的相互渗透、流通等方面的考虑，成为其他界面要素选择的依据，使庭院与围合要素得以协调、风格统一。

从古今中外众多的景观要素中，为现代庭院景观设计提供丰富的创作素材，但从要素的选择、布局组织景观，必须处理好以下几个主要方面：

（1）建筑庭院空间组织旨在使建筑与庭院两者紧密地融合，成为一个不可分割的统一整体。

（2）正如前所述的几个庭院设计原则，做到"意在笔先""主次功能""以人为本"。

（3）处理好传承与创新的内容，在庭院空间组织的选择中要把创新放在首位，丰富现代景观要素与手法。

另外，根据围合要素和景观要素中的各属性，又可将庭院的构成要素分为人工要素和自然要素。

3.2　庭院要素的选择

3.2.1　人工要素

1.地面铺装

芦原义信在《外部空间设计》中认为：外部空间作为"没有屋顶的建筑"考虑时，地面和墙面成了极其重要的设计要素。地面指的即是地面铺装。地面铺装作为景观设计中的一个重要元素，应当从细节和人的感受角度出发进行设计。地面铺装的材质、色彩、形状及图案不只是平面形式上的需求，也是空间系统的构成，可以通过立体维度来进行界定和功能划分。铺装可以强化地面的存在感，同时，铺装图案、形状和色彩的搭配与拼接也能强化空间感，使空间更加丰富多彩，给人以美的享受（图3-2-1～图3-2-9）。

地面铺装在庭院设计中常作为背景元素，往往起到烘托气氛的作用。例如不规则的石片、陶瓷砖、大理石、扁平的卵石、枕木、混凝土等。不同的铺装具有不同的性格特征，会潜移默化地影响使用者的情绪，并决定整个庭院的用途和魅力。另外，地面铺装依据庭院道路的功能性质，可分为健身型步道、漫步型步道、观赏性步道等。选用不同的地面材料铺装，同时应注意与周边材质的衔接，如路肩、路缘石相邻的接合，其他如色彩、图案、排水等均应仔细推敲考量。

地面作为庭院空间唯一的可以自行界定的界面，为了实现建筑与庭院的空间融合，可将建筑空间底界面与庭院作为一体设计（图3-2-10、图3-2-11），具体方法如下：

铺地的一致性：建筑空间与庭院空间的铺地采用相同的材质、铺砌方式和铺设方向，形成内外一体的空间感。例如室外铺装从室外直接铺至室内，结合建筑通透性的界面使室内外空间融为一体。

图形穿插于元素的延伸：完整的平面图形从庭院空间中延伸至建筑室内空间，在几何形体的统一下模糊了室内外空间的界限感。

图3-2-1 各式铺装

图3-2-1 各式铺装（续）

图3-2-2 四川射洪正黄·翡翠公园景观设计
（图片来源：景虎景观LANDHOO；摄影：日野摄影）

图3-2-3 浙江宁波国建·湾里院子休闲度假村
（图片来源：璞玉景观工作室；摄影：李伟）

图3-2-4　泰国Quarter 39住宅区景观设计
（图片来源：Shma Design；网络；摄影：Wison Tungthunya & W Workspace）

图3-2-5　澳大利亚圣詹姆斯广场翻修
（图片来源：ASPECT Studios；网络；摄影：Andrew Lloyd）

广场被中心的植物种植带分成两个区域。一个是石材铺装地面的零售区域延伸空间；另外一个木材铺装的，为当地居民提供休憩（可用午餐）空间。

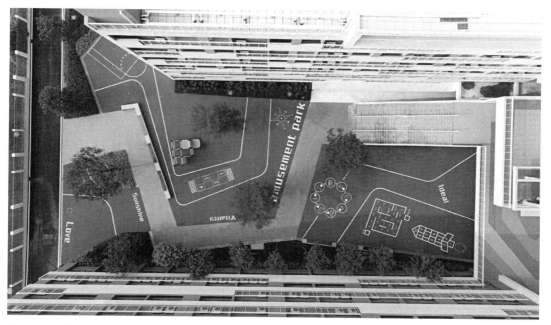

图3-2-6　佛山梅沙双语学校景观设计

（图片来源：GND杰地景观设计；网络；摄影：日野摄影、柏奇斯摄影）

图3-2-7　融创·启诚巴蜀小学

（图片来源：重庆犁墨景观；网络）

图3-2-8　Labaris酒店景观设计

（图片来源：Shma Design；网络；摄影：Napon Jaturapuchapornpong）

图3-2-9　上海虹桥阿里中心景观设计

（图片来源：奥雅设计；网络）

条形防腐木的铺装宛如"桥"，打破了步行通道的枯燥无趣，引领着人们走向另一个空间，在"桥"的另一头遇见意外的惊喜。

图3-2-10　西安万众国际W酒店下沉庭院景观设计

（图片来源：DELD当代景观；网络；摄影：林绿）

景观以"引水曲江，财聚万众"为主题，营造西安高端、顶级的城市综合体。地面铺装与蜿蜒曲折的水景相一致。

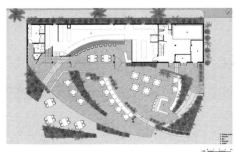

图3-2-11　越南一风堂日本拉面店

（图片来源：Takashi Niwa Architects；网络；摄影：Hiroyuki Oki）

采用落地折叠玻璃窗将室内空间与室外空间的界限打破，而室外地面铺装也一直延伸到室内，使地面空间得以延伸，同时庭院空间的室外景观被引入室内，室内室外空间很好地融合在一起。

2．墙体

庭院空间自产生以来，墙体作为一种基本的设计元素从未被放弃。贝聿铭先生曾说过："中国古建筑就是庭院与墙的艺术"。墙在中国传统建筑中作为最明确的围合要素扮演着重要的角色。

围墙作为限定的边界具有明显的空间暗示，这种边界的心理暗示不同于庭院内的其他独立要素，在潜意识里凝聚了空间的氛围。墙又是一种连贯的面实体要素，在庭院中是一切景致与气氛营造的载体，它可曲可直、可连可断、可闭可透，营造方式多种多样（图3-2-12～图3-2-14）。

当庭院空间的边界为主体建筑墙体时，往往是建筑的山墙朝着庭院，此时建筑与室外庭院空间联系较弱，往往通过建筑体形的处理来解决。例如突出墙面的楼梯间、凸窗、平台等构筑物，使建筑与庭院空间之间的边界得以丰富、贯通，并成为庭院中重要的景观元素之一。如北京西店记忆文创小镇（图3-2-15），是利用破败仓库改建的商业建筑。通过面向半围合庭院的建筑外廊，采用有序列性的玻璃凸窗来丰富庭院视觉空间。

当庭院的边界为院墙时，往往是庭院与城市空间之间的界面。通常采用景墙的处理手法来增强两者之间的关系。在庭院空间中最常见的是白粉墙，正是因为有这样大片的留白才能有《园冶》中："籍以粉壁为纸，以石为绘也"。墙与景窗结合，让"实"的墙面和"虚"的空间融合在一起，从而突破了庭院的封闭感（图3-2-16）。庭院也常用景墙来划分空间和引导视线与流线，丰富空间的层次性和流动性。

日本京都府立陶板名画之庭（设计：安藤忠雄），是世界上第一个以回廊式的绘画方式，忠实地再现名画的造型和色彩的陶板画庭院。该美术馆有别于传统美术馆常见的室内空间，它完全以户外露天的形式建造，整个观赏的过程也是一个室外游园的过程，更好地体现了东方哲学里"人与自然"的理念。安藤将传统的庭院平面展开，并拓展为立体构成，以片墙引导，平台、台阶与坡道形成参观路径，移步换景，展品以不同方式设置于相应的位置。外观上整个庭院只有一层，但通过下沉的处理方式通过坡道向下可达到地下二层，延展了参观流线的长度。由于坡道、平台产生的多个标高，使观察画作的距离及方式也比常规展览得到了扩展。整个空间所采用的穿插构成手法创造出形态各异并集赋错综立体视线感的庭院空间（图3-2-17）。

另一个案例是加拿大渥太华国家大屠杀纪念碑，现场浇筑的混凝土纪念碑由六个三角形体量构成，形成六角星的形状。六角星成了大屠杀的符号象征：纳粹迫使犹太人佩戴六角星的符号，便于纳粹进行识别和赶尽杀绝。纪念碑分为两个包含不同意义的实体：上升的实体指向未来；下降的实体则引导着参观者们走入发人深省的内部空间。六个三角形的混凝土空间各自承担着不同的功能：入口空间、集会空间、讲解空间、沉思空间、追忆空间、展望空间（图3-2-18）。

日照1971青少年研学实践教育营地（图3-2-19），是利用当地的废弃学校进行整体升级改造的项目。原有建筑结构形式多为砖木结构，红砖屋身、木框架屋顶，上铺红瓦。为了更好地传承老建筑的历史纹脉，在改造中将红砖作为主要材料，沿用传统砌筑方法，将老建筑与新改造部分紧密融合在一起，使整个建筑群更加统一。该项目将保留的建筑空间重新组合，形成五个独立的院落空间和一个休闲趣味景观带，继续沿用红砖作为建造的主材料来整合空间氛围。在尊重建筑现状的基础上运用圆形元素配置每个庭院入口的专属空间，增加其趣味性和体验性。

墙体材质及纹理直接影响庭院空间边界氛围和感受。不同的材质及纹理给予人不同的感受，设计时应结合建筑的属性和所需要表达的空间情感进行选择，如石材给人以厚实、典雅的感觉；木材给人以温和、亲切、复古的感受；玻璃又给人现代、轻快、清透之感；金属则给人以质感、冷峻之感。同时，采用不同材质的穿插来营造边界的虚实变化，能与建筑内部空间产生一定的对比，利于庭院整体个性的塑造（图3-2-20、图3-2-21）。

图3-2-12　淄博新东升·福园小区景观墙
（图片来源：怡境景观，网络）

图3-2-13　南昌力高国资·雍江府
（图片来源：深圳市希尔景观设计有限公司；网络；摄影：丘文建筑摄影-邱日培）

图3-2-14　重庆龙湖·嘉天下

（图片来源：重庆犁墨景观；网络）

图3-2-15　北京西店记忆文创小镇

（图片来源：刘宇扬建筑事务所；网络；摄影：夏至，朱思宇）

该项目为库房改造项目，设计师利用突出墙体的矩阵凸窗来重塑庭院空间形象。

（a）摄影：存在建筑

（b）摄影：李伟

（c）摄影：李伟

图3-2-16　景窗墙

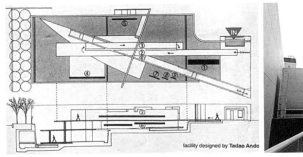

图3-2-17　京都府立陶板名画庭园
（图片来源：网络）

图3-2-18　加拿大渥太华国家大屠杀纪念碑
（图片来源：Studio Libeskind；网络；摄影：Edward Burtynsky）

图3-2-19　日照1971青少年研学实践教育营地
（图片来源：DK大可建筑设计；网络）

图3-2-20　建川博物馆·战俘馆
（图片来源：程泰宁. 无形·有形·无形：四川建川博物馆战俘馆创作札记 [J]. 建筑创作，2006（08）：20-35.）

四川安仁的建川博物馆·战俘馆，其中的放风院四周采用斑驳、粗糙的混凝土墙面，附以其中不加修饰的杂草和碎石，借助光在斑驳墙面上的投射，营造出一种悲怆、沉重的氛围。

图3-2-21　不同材质的景墙

图3-2-21 不同材质的景墙（续）

3．廊

中国传统庭院空间最初是由墙进行空间限定的，但随着时代的发展，廊也成为限定、塑造空间的元素，和墙一起起到限定、围合的作用。其空间形态是有顶覆盖，两侧或一侧开敞，它既有室内空间的特征，又具有亦内亦外的空间特征。廊在围合庭院时既可组合使用又可单独使用。由廊连接建筑单体或建筑群，围合出一定的空间形成庭院或广场，为人的活动生活提供场所。这些廊完全摆脱了墙的封闭性，使视觉空间得以相互渗透。另外，廊作为三维空间界面，其层层相叠的造型与开敞的庭院空间形成鲜明的对比，打破了原有空间的形态，增强了空间的层次感（图3-2-22 ~ 图3-2-24）。

作为主要交通空间的廊空间与现代公共建筑的整体设计密不可分。一方面，对于单体建筑来说，连廊通过连接水平和竖向交通空间，构成完整的交通体系，实现内部空间的整合。另一方面，对于群体建筑连廊作为一个独立的建筑构件跨越在庭院上空之中，将位于不同位置的建筑空间连接起来，这种方法不仅在功能上增加了建筑之间联系的便捷性，更为人们提供了不同高度上动态穿越庭院空间的体验感。各个单体建筑也由于连廊的相互连接，使其形成完整的空间序列。同时，庭院空间由于连廊的存在，原本单一的空间形态被打破，被划分成若干个空间层次，各层次之间相互渗透，形成更为丰富、立体的空间效果。正因为如此，使得廊空间成为当下公共建筑设计的宠儿（图3-2-25 ~ 图3-2-29）。

如今，随着现代城市集约化的发展，以及城市、建筑一体化建设，多种或相似功能的建筑通过连廊连接、围合形成具有多种围合庭院的建筑综合体。这些围合成的各异庭院通过与城市公共空间的有效衔接，拥有了城市空间职能和城市空间属性，成为服务于市民休闲活动、聚会、交通的重要场所。庭院空间在提高现代商业综合体空间和城市公共空间容量的同时，承担了一定城市、商业交通职能。

图3-2-22　计家大院
（图片来源：上海大型建筑规划设计有限公司；网络；摄影：夏至）

图3-2-23　上海昌五小区围墙改造项目

图3-2-23　上海昌五小区围墙改造项目（续）
（图片来源：童明、任广. 边界重构——昌五小区围墙改造. 建筑学报. 2020（10），15-21.）

上海昌五小区围墙改造项目是利用游廊重构、限定边界的优秀案例。昌五小区建造于20世纪90年代，是一处高密度的居住小区，由于2018年的拆违整治项目，在昌五小区的边界处留下了一段350多米长的圆弧形围墙绿地，面对城市形成了一道单调、冗长的界面，而在小区内部也留下一段段荒芜封闭的杂草丛生地。如何重塑这道城市边界，激发街道生活，便成为这个项目的迫切议题。结合场地本身的环境条件与园林式营造带来的启发，采用游廊作为边界的形态与功能重构。在形式上，通过一道充满绿植的园林式游廊，在保留围墙空间划分功能的同时，尽可能消解其对城市空间的粗暴阻隔。在功能上，通过打造设施化的复合空间，最大化补足社区公共空间及便民设施，以激发街道公共生活。

图3-2-24　万科·佛山金域滨江景观设计
（图片来源：IF本色营造；网络；摄影：张学涛）

采用回廊空间将小区入口处三栋楼的入户空间串联起来，成为人们快速归家的便捷动线。4米高的白色单臂悬挑廊架增强了通透性和透光性，减少了压迫感，同时将架空层空间与庭院空间从视线上连接起来，又对整个中心庭院起到了框景作用，成为一个360度无死角的景观环廊。

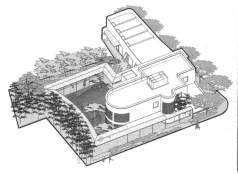

图3-2-25　东园社区居委会景观改造

（图片来源：未相景观；网络；摄影：吴清山）

通过一条连续的游廊，把原本封闭、简陋，与社区居民割离的场地转变成一个能够向社区开放、分享的社区公共空间。

图3-2-26　上海金蔷薇幼儿园

（图片来源：曼景建筑；网络；摄影：苏圣亮）

分散的矩形单元房子用环廊将其串联起来，形成聚落式的布局。建筑师刻意将环廊加宽，并与室外空间融为一体，让它成为除交通之外的让儿童可以停留、相遇、玩耍的空间。环廊和房子把场地分割成四种风格迥异的院子——开放的外院、曲折的东西内院、屋顶花园以及大树下的树院，可供孩子们运动、玩耍、种植、攀爬。

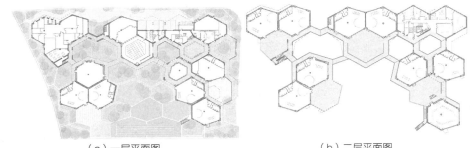

（a）一层平面图 （b）二层平面图

图3-2-27 华东师范大学附属双语幼儿园

（图片来源：山水秀建筑事务所. 华东师范大学附属双语幼儿园［J］. 建筑学报，2016（04）：72-79.）

以六边形单体为模块，通过组合拼接的方式形成蜂巢状，并用连廊将其相互贯通形成完整的空间结构。

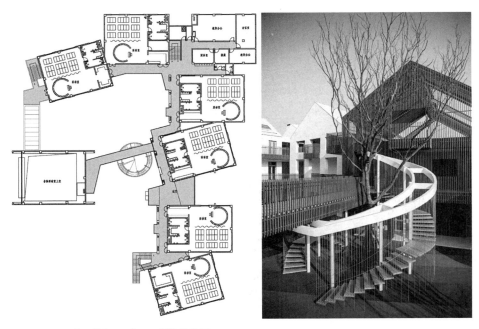

图3-2-28 合肥皖投万科天下艺境幼儿园

图3-2-28　合肥皖投万科天下艺境幼儿园（续）
（图片来源：上海天华建筑设计有限公司；网络）

建筑设计以黑白搭配的小房子为模块，通过自由灵活组合，聚拢围合向心的白色大房子（入口空间），并在中心四周释放开敞的活动场地。项目试图在疏密的空间里，唤起欢乐小家的记忆。

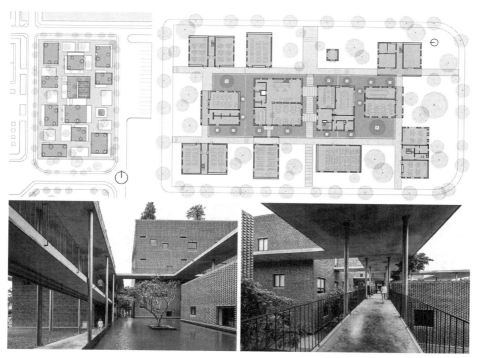

图3-2-29　越南河内Viettel学院教育中心

图3-2-29 越南河内Viettel学院教育中心（续）

（图片来源：武重义建筑事务所；网络；摄影：VTN Architects（Vo Trong Nghia Architects）、Hiroyuki Oki）

该教育中心由12个体块构成，容纳了教室、会议室、大厅和办公室。主要体块四至五层楼高，其余体块仅有二至三层楼的高度。建筑师设计了一个轻质混凝土屋顶遮盖住大部分半室外的空间，这个屋顶也作为连廊，将分散的体块统一规整在一起，化整为零。体块间由多种交通通道连接，如走廊、坡道和楼梯，形成了许多有趣的观景点和不同的学习空间。位于一层的庭院在体块之间交替布置，为学员营造一种友好的氛围，让他们亲近自然。不同楼层的屋顶花园形成了一系列空中花园，为学生休息时的交流互动提供了一个放松的好去处。

4．庭院小品

庭院小品是庭院中体量小巧、造型新颖，用来点缀庭院空间和增添庭院景致的小型设施，是庭院环境中不可缺少的组成要素。除此以外，构筑物也可充当空间的视觉点缀，如庭院中联系主体建筑的各种室外楼梯，并附以各种材质或色彩，使其成为庭院的视觉焦点，增强了庭院空间的层次感（图3-2-30～图3-2-32）。又如雕塑、亭子、花池、景观灯等，虽然体量不大，却有着鲜明的功能属性或象征意义，可以起到刻画庭院功能个性的作用，有着很强的标志性（图3-2-33～图3-2-37）。

图3-2-30 广州圣果幼儿园

（图片来源：迪卡幼儿园设计中心；网络；摄影：日野摄影、柏奇斯摄影）

图3-2-31　佛山梅沙双语学校景观设计
（图片来源：GND杰地景观设计；摄影：侯博文、王俊宝）

图3-2-32　瑞士韦吉斯Chenot Palace健康疗养酒店
（图片来源：Davide Macullo Architects；网络）

（a）

图3-2-33　庭院座椅

(b) （图中间部分）(c)

(d)

图3-2-33　庭院座椅（续）

（图片来源：（a）Shma Design. 网络，摄影：Mr. Wison Tungthanya；（b）（c）洛杉矶Cedars-Sinai医疗中心屋顶花园项目，设计：AHBE Landscape Architects；（d）MSLA）

图3-2-34　廊式小品

（图片来源：Shma Design；网络；摄影：Wison Tungthunya & W Workspace）

（图片来源：网络；摄影：感光映画）　（图片来源：网络；摄影　（图片来源：纬图设计机构；网络）

师：南西摄影）

（图片来源：自摄）　　　　　　　　　　　（图片来源：自摄）

图3-2-35　富有童趣的庭院小品

（图片来源：希尔景观；网络；摄影：鲁冰）

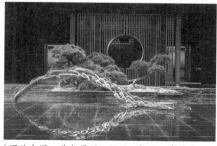  

（图片来源：希尔景观；网络；摄影：鲁冰）　　（图片来源：自摄）　　　　　（图片来源：自摄）

图3-2-36　雕塑小品

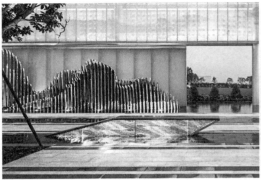

（图片来源：自摄）　　　　　　　　　　　　（图片来源：自摄）

图3-2-36　雕塑小品（续）

（图片来源：迈德景观；网络）

（图片来源：遂宁·正黄金域央墅景观设计；网络；摄
影师：陈志）

（图片来源：遂宁·正黄金域央墅景观设计；网络；摄影师：陈志）

（图片来源：遂宁·正黄金域央墅景观设计；网络；摄影师：
陈志）　　　　　　　　　　　　　　　　　（图片来源：自摄）

图3-2-37　亭子

124　　建筑庭院

3.2.2 自然要素

自然要素是庭院空间的重要因素，它包括栽植花草、树木、开凿的水体、堆叠的山石等，它们不仅能够调理庭院空间的微气候，还能增添庭院空间的自然情趣。自然要素包括地面铺装、建筑小品和声光电等装置设置。它们以多样的方式营造空间意境，丰富空间的层次，在体现着"怡情山水"传统审美的同时，配合围合界面使庭院空间产生各种各样、多层次和纵深感的空间效果与意境。

以传统庭院中的植物、山石、水体为主的自然要素，在结合现代生活要求的前提下，在传承中加以创新，塑造不同特色的庭院空间，是现代建筑庭园空间不可或缺的。

1. 植物

庭院虽由人作却宛若天成，这其中最重要的原因就是植物的介入与设计。它赋予了庭院空间的生态性，创造出舒适宜人、生机盎然的庭院环境，也能提高庭院的使用性与观赏性。对于庭院植物的搭配需要疏密有致，颜色丰富。远有乔木、近有灌木、上有树荫、下有草坪，从孤植、点植到丛植，植物的配置不仅具有横向性差别，在竖向性上更能体现空间的层次感。孤植和点植更适宜空间相对较小的庭院，根据树的外观特点或名贵稀有来挑选，或挺拔，或婀娜多姿，或存朴古拙，主要表现的是树木的独特性，将其与建筑物搭配，并辅以灌木、花草，既可以烘托建筑物的精致典雅，又可以展现树形的绰约多姿。对于空间较大的庭院，点植和丛植只能覆盖局部空间，从空间整体上就需要它们相结合，这样，点植与丛植会有疏密的对比，乔木、灌木与地面植被的搭配也会有主次差异，因而只要搭配适宜，便可以形成自然之趣，一年四季都有景可观（图3-2-38～图3-2-40）。

（图片来源：张唐景观；网络）

图3-2-38 孤植

（图片来源：PPAA；　（图片来源：七月合作社；网络；摄影：陈颢）（图片来源：七月合作社；网络；摄影：
网络）　　　　　　　　　　　　　　　　　　　　　　　　　　　　陈颢）

（图片来源：七月合作社；网络；摄影：陈颢）

（图片来源：七月合作社；网络；摄影：陈颢）

（图片来源：七月合作社；网络；摄影：陈颢）

图3-2-38　孤植（续）

（图片来源：七月合作社；网络；摄影：陈颖）　　　　　　（图片来源：自摄）

（图片来源：自摄）

图3-2-39　丛植

（图片来源：安道设计；网络；摄影：王骁）　　（图片来源：深圳伯立森景观规划设计有限公司；网络；摄影：林绿）

图3-2-40　列植

（图片来源：朗道国际设计；网络；摄影：存在 建筑）　（图片来源：北京顺景园林股份有限公司；网络）

（图片来源：安道设计；网络）

图3-2-40　列植（续）

2．置石

随着社会的发展，时代的变迁，地域文化的融合，当今人们的生活方式、美学思潮发生了巨大的变化。置石在现代庭园环境中表现出极强的可拓展性。置石可以作为挡土墙解决地形高差的问题，甚至作为遮挡物阻隔视线。例如阶梯、驳岸、石座椅等不仅有着特定的使用功能，也可与周围环境融为一体，即使是作为观赏物，也能通过特定的造型来凸显庭院的主题（图3-2-41）。

传统庭院中的石往往被寄予了庭院主人的情感，甚至被赋予了拟人、象征的意趣。归根结底，景石被赋予怎样的生命力，也是有形状、纹理等提炼而成的。所以在庭院空间设计中要深入研究景石的气质，从而使其与植物、地貌等完美融合，使之兼具自然性和观赏性（图3-2-42）。

在现代景观设计中，假山置石与景墙的结合也显得相得益彰，不仅传承了古典园林中的意境之美，而且还在表现形式和材料的使用上进行大胆的突破，创造了具有现代气息的景观形式。结合现代技术和材料，在凸显置石在环境中较强的造型和融合性的同时，成为创造个性空间和景致的一个重要手段，以其独特的形态和自然气息为人们生活环境增添了无限的情趣和遐想，使现代精神与古典禅意相得益彰（图3-2-43～图3-2-46）。

图3-2-41　庭院中的置石
（图片来源：自摄）

图3-2-42　江阴旭辉公元小区景观设计
（图片来源：奥雅设计；网络）

以灰色碎石为水，以白色的片石为堤岸，以低矮绿植为山，营造出园林山水之意。

图3-2-43　苏州博物馆片石假山
（图片来源：摄影：李浩军）

图3-2-44　绩溪博物馆抽象化的"假山"
（图片来源：摄影：夏至）

图3-2-45　海口玖悦台小区景观设计
（图片来源：奥雅设计；网络）

（图片来源：成都澳博景观设计有限公司；网络）　（图片来源：上海致社路景观设计有限公司；网络；
摄影：深圳市林绿文化传播有限公司）

（图片来源：罗朗景观；网络；摄影：
繁玺视觉）

图3-2-46　置石

3．水体

水体也是庭院空间中常见的自然要素。庭院中的水体令人赏心悦目，同时能够有效地调节微环境，创造出清新、宜人的庭院小气候，因而被广泛运用。

水最重要的特征是流动性，具有极强的可塑性，可以塑造任何形状。水的另一个重要特征是透明性和倒影能力。一般来说，庭院中的水体包含两种形态，即平面的水体和空间中的水体。

平面的水体造成庭院底界面的变化，可以用来限定空间，起到分隔、联系、引导等作用。平面水体有静止和流动两种。静止的水面具有镜面反射的特性，可以映射出周边的景象而造成虚幻的空间感（图3-2-47）。

空间的水体是指借由外力作用，水可以在空间中流动，如喷泉、跌水等景观水体。空间中的水体具有一定的实体性（图3-2-48）。

点状和线状的水体相当于在空间中设置标志物。而面状的水体则具有类似于墙体分隔空间的作用。由于水具有透明性，它对于空间的分隔并非十分封闭。另外，将庭院流水引入建筑空间，水在室内外空间的连续流动增强了室内外空间的延续性。

（图片来源：罗朗景观；网络；摄影：繁玺视觉）

（图片来源：承迹景观；网络）

（图片来源：七月合作社；网络；摄影：陈颖）

（图片来源：自摄）

图3-2-47 平面的水体

（图片来源：蓝调国际；网络）

（图片来源：蓝调国际；网络）　　　　（图片来源：成都澳博景观设计有限公司；网络；摄影：LSSP罗生制片）

（图片来源：自摄）　　　　　　　　　　　（图片来源：自摄）

图3-2-48　空间的水体

3.2.3 构成要素

构成学是一门基础性的设计学科，其主要以平面构成、立面构成、色彩构成作为主要研究内容，并从点、线、面等构成元素出发，按照一定原则在其平面上进行不同的排列、组合，使其形成不同的构图。随着构成手法在景观中的运用，它对景观多样性设计风格的形成和发展起到至关重要的作用。从空间构成的角度上，景观设计就是将地貌、建筑、植物、水体、地面铺装等众多要素抽象为纯粹的点、线、面，并依据形态构成的原理进行布局和构图，再按照景观设计的手法进行处理，从而营造出形态多样的景观空间，并实现空间意境的传达。

1．点要素

点是景观空间设计手法的基本要素之一。任何空间形态的构成基础都是由点产生的，点作为空间形态的基础和中心，它本身是没有大小、方向、形状、色彩之分。但它具有聚焦性，易形成景观的视觉焦点，在景观设计中有着重要的作用。

在环境景观空间设计中，点通常起到线之间或者面之间连接体的作用。"线"和"面"是点得以存在的环境，是点控制和影响的范围，同时也是点得以显示的必要条件。点只有在和空间环境的组合中才会显露它的个性。所以，点在景观设计中并不是单独出现的，常以多点组合的形式排列组合，来产生丰富的视觉形态（图3-2-49～图3-2-54）。点在景观中的构成方法有：①组合法：点的线化、面化、点线组合共同营造景观效果；②虚实法：利用点的视错觉产生虚实关系；③空间法：利用点的形状、大小、疏密排列产生的立体空间感。如果点在形状大小或色彩上有变化，还会延伸出进深空间感和方位感。

图3-2-49　无锡旭辉藏珑府景观设计
（图片来源：笛东规划设计（北京）股份有限公司；网络）

图3-2-50　波恩大学校园庭院设计
（图片来源：SINAI；网络）

图3-2-51　入口庭院景观设计
（图片来源：Alex Hanazaki Paisagismo；网络）

图3-2-52　万科·佛山金域滨江景观设计
（图片来源：IF本色营造；网络；摄影：张学涛）

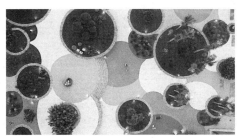

图3-2-53　西班牙Marina Alta花园
（图片来源：Pepe Cabrera；网络；摄影：Mayte Piera）

图3-2-54 浙江万科·桂语东方
（图片来源：安道设计点状景观；网络；摄影：王骁）

桂语东方打破了"中国风"惯用的曲径通幽和庭院深深，开门见山地将最美的庭院呈现给宾客。庭院之中，一圈静水环绕着黑色细砂，孤植一树立于白石之上，取意灵动的中国山水画，在景观中延伸出无限遐想。

2．线要素

线是景观设计中点和面的框架与脉络。景观设计中我们常讲设计中要注重天际线、边界线、路边线、物体的轮廓线等形态的构建。线在景观中的应用主要表现在：

（1）交通线。这种线大多数情况为直线，便于人们以最短的距离到达目的地。在景观设计中多采用曲线来组织交通，利用曲线来营造一种曲径通幽的景观效果（图3-2-55 ~ 图3-2-57）。

（2）边界线。景观中像绿化隔离带、草地边界常通过疏密相间的树木作为绿篱，营造相对封闭的围合空间，从而创造优雅、静谧的氛围。这种线在景观中出现的形式可以是直线也可以是曲线，在规则式的景观中常以直线居多，在自然式的景观中则以曲线居多（图3-2-58）。

图3-2-55　宁波雅戈尔新明洲社区景观
（图片来源：三尚国际（香港）有限公司；网络）

园区道路采用条形石材错位拼接，加强了小区道路蜿蜒曲折之感，也增添了趣味性和空间活力。

图3-2-56　美国纳蒂克购物中心的住宅屋顶花园
（图片来源：景观中国；网络）

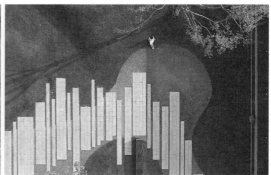

图3-2-57　佛山良溪保利天悦
（图片来源：奥雅（香港）园境师事务所；网络）

图3-2-58 上海保利浦东滨江禧玥酒店的心照庭

（图片来源：七月合作社；网络；摄影师：陈颖）

项目位于上海保利浦东滨江禧玥酒店一层，人来人往的接待处两侧，设置为安静茶室，组成总约50米的长廊，落地玻璃营造出连续性框景的效果，缓步其中，所见连成一幅长卷。三条石墙增加了空间的联系性，功能性上，线性隔开庭园与外部区域，增加私密性，也可借后方植物的景，令视觉感受更丰富。使用多品种的植物结合一高一矮的石墙，保证空间横向连续性的同时增加纵向空间景深。黄锈石乱拼石墙材质，呼应着下方雕塑化处理石凳的自然皮面，芝麻白石墙则采用人工感更强的几何切割方式。

3．面要素

面作为景观中重要的设计语言之一，在景观设计构成中具有丰富空间层次、烘托及深化空间主题的作用。在景观设计中面的形态有水面、植被地面、地面铺装、道路等底界面和绿植、行道树形成的垂直界面等。景观设计中的空间营造多以底界面和侧界面来构建。而底界面采用不同的材质、肌理、色彩等处理方式，将直接影响空间的其他设计形态。景观设计中运用面状体可以让景观拥有很高的辨识度。面在实际展现就是某个面的某一面或是几何体的某一个截面。利用面的组合可以形成各式各样的平面图案，可以构成各式各样简单的、童趣的和清晰的感觉（图3-2-59～图3-2-61）。

图3-2-59 宁波雅戈尔新明洲社区景观

（图片来源：三尚国际（香港）有限公司；网络）

以碎石子为水，以草为山，其几何形体相互咬合，以表达山水之意。从远处的绿篱、丛植到近处的孤植，形体间相互隐约穿透，相互借景、障景、对景，从而达到"小中见大"的空间表达。

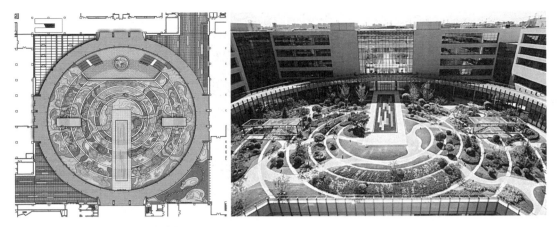

图3-2-60　泰康商学院中心庭院景观
（图片来源：房木生景观设计（北京）有限公司；网络）

中庭的景观，首先是一圈圈渐开的圆环，形成700毫米宽的小径，围绕并连接从建筑主轴线延伸进来的静面水体。就如生命泛开的水波，融进环形的建筑廊道空间里。绿篱与地被花卉、草坪，以及乔灌木各自按照自己独立的逻辑展开，有点、有线、有面，营造出生机蓬勃的绿色空间。

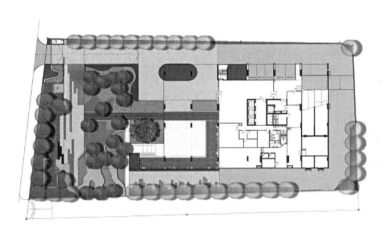

图3-2-61　泰国曼谷公寓庭院
（图片来源：Shma Design；网络；摄影师：Wison Tungthunya）

3.3 安全与消防

建筑安全设计涉及防火安全、防震、防洪、防爆、防核及公共卫生安全等方面。由于建筑规模、公共空间的扩大，建筑庭院空间组合的开放性、群体性在城市中越发起着重要的作用。20世纪以来，世界重大的城市安全事故，如9·11美国纽约飞机袭击恐怖事件，日本福冈核泄漏事件、大型化工企业的爆炸……直至公共卫生如非洲的埃博拉疫情，AIDS疫情，以及2020年全球的新冠肺炎疫情等，这一个个事件无不引起政府、社会及个人的极大重视与关注。

作为人类居住、工作、生产的建筑，在其充分发挥着有利一面的同时，也在不断总结抵御各种自然、社会、灾害的经验教训，建筑安全设计的方方面面得到关注，制定了各种规范措施，建立起防范规则，采取救生与安全的措施。

3.3.1 公共卫生安全

2003年"非典"、2020年的新冠肺炎的疫情，这两场疫情的迅速蔓延使所有人猝不及防，强大的国家体制所发挥的关键作用，诸如一系列应急决策、一道道严控命令、大量人力和物力的投入，克服了重大的困难，使疫情得到了有效控制。而城市中精细化的网格管理、公共居住社区庭院式的空间组合方式，也起到了很好的阻断新冠肺炎病毒的传播。这使得各专业人员必将从公共卫生的深刻问题上寻求与探索新的课题。在人居环境方面从客观与微观方面应充分考虑城市化进程中规划、建筑组团、建筑功能、建筑布局所面临的新的课题。

以"板式""点式"组成社区高层住宅，由于总体布局以日照分析要求建筑间距达30~40米，形成较宽阔的庭院，无论是传承或创新，庭院的布局、要素的选择，以适应不同居住人群的现代生活及心理的需求为主。城市高层住宅区大规模的建设实践，提供了进行初步调研分析总结的案例，有下列几点供参考：

（1）高层住宅区常有底层架空的情况，其单元入口往往在平台层，平台层布置庭院绿化及景观，可将人车分流，机动车在平台层以下空间行驶及停放，但平台层的车辆还有自行车、电动车及手推车等，因此妥善划分、规划各种停车位变得十分关键（图3-3-1）。

（2）目前人们的假日时间增多，社会步入人口老龄化时代，居家时间相对延长，加之人们重视休闲健身，因此城市及居住区的公共空间除儿童游戏场地外，增设健身步道、健身器材、健身场地变得尤为重要（图3-3-2）。

（3）因地制宜，配置植物种植、建筑小品等，慎选水池、山石。在缺乏河流湖泊的城市住区布置水系、喷泉时，往往因水源不足、冬季结冰及管理欠佳而被废弃改为绿化。

图3-3-1 荥阳市郡临天下

小区地块南北地势高差3米，结合地形设计两层地下车库，平台层为居民生活与活动空间，实现人车分流。

图3-3-2 山东淄博新东升·福园小区
（图片来源：GVL怡境国际集团广州公司；网络）

规划设计为"下商上居"的空间布局，一层落位商业服务与停车功能，打造烟火气息浓厚的主题功能商业街区，满足居民日常生活的需求，真正实现3分钟便民生活圈。同时，商业街与市政道路相连，将人流吸引至此，聚集人气。二层平台犹如"空中森林"，在平坦的场地里营造出一片"高台园林"。"下商上居"的布局让社区生活空间更立体多维，让生活凌驾在活力商业之上，出则繁华，入则宁静。同时，打破"外商内居"的传统空间布局模式，提高商业配套体量，实现多方共赢。

3.3.2 消防安全

庭院式空间布局的功能性决定了它在各类建筑中的广泛运用，其消防安全一直是设计的重点。庭院作为室外空间能够弥补建筑内部的通风、采光及消防排烟，并在一定程度上减少室内消防设备的投入。而开阔、可通达的庭院也可作为紧急情况下人员的疏散和临时紧急避难。

依据《建筑设计防火规范》GB 50016–2014（2018年版）第7.1.1规定"当建筑物沿街道部分的长度大于150m或总长度大于220m时，应设置穿过建筑物的消防车道。确有困难时，应设置环形消防车道（图3-3-3）。"；第7.1.4规定"有封闭内院或天井的建筑物，当内院或天井的短边长度大于24m时，宜设置进入内院或天井的消防车道；当该建筑物沿街时，应设置连通街道和内院的人行通道（可利用楼梯间），其间距不宜大于80m（图3-3-4）。"；第7.1.5规定"在穿过建筑物或进入建筑物内院的消防车两侧，不应设置影响消防车通行或人员安全疏散的设施"。因此，解决庭院式建筑消防问题的有效方式就是"底层架空"。

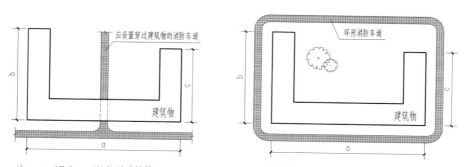

注：a>150m（长条形建筑物）；a+b>220m（L形建筑物）；a+b+c>220（U形建筑物）

图3-3-3 消防车道设置要求一

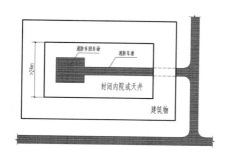

图3-3-4 消防车道设置要求二

"底层架空"就是将建筑局部底层架空，用作庭院入口空间，在其架空层的高度范围内，视觉、行为以及空气都保持着连续的状态，城市景观与建筑庭院之间具有最大程度的连续性，形成景观连续的城市空间环境（图3-3-5、图3-3-6）。

　　"分离"就是呈围合形态的建筑群体，某部位"分离"或"错开"出一定的距离，但又不破坏其完整性。"开口"内外在空间视觉上呈连续性、渗透性。

　　处理好景观和消防两者之间的矛盾，打造优美、安全、和谐的庭院环境是当今景观设计的趋势。而对消防车道及场地的隐形景观设计手法，是解决上述矛盾的重要方法。所谓隐形设计就是在不影响消防场地的前提下，使用各种景观处理手法，使消防车道及场地"隐没"于庭院景观之中。隐蔽式车道概念第一次提出是在2006年版的《居住区环境景观设计导则》（建设部住宅产业化促进中心编写），在第五章道路景观中第5.1.6中提及"居住区内的消防车道占人行道、院落车行道合并使用时，可设计成隐蔽式车道，即在4米幅宽的消防车道内种植不妨碍消防车通行的草坪花卉，铺设人行步道，平日作为绿地使用，应急时供消防车使用，有效地弱化了单纯消防车道的生硬感，提高了环境和景观效果。"（图3-3-7）其处理方法如下：

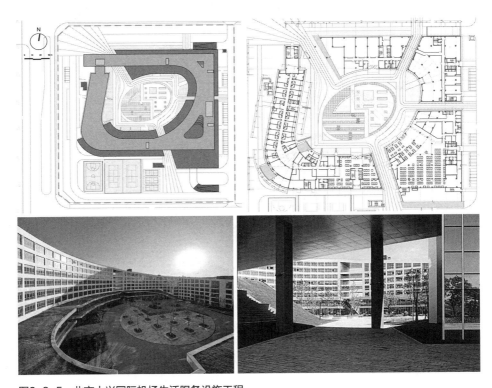

图3-3-5　北京大兴国际机场生活服务设施工程
（图片来源：中国电子工程设计院有限公司王振军工作室+"蔓·设计"研究中心；摄影：杨超英、金锋哲）

（1）庭院内的消防车道应尽量与人行步道整合利用，采用步行道路的铺装材料和形式来代替传统的沥青做法，将铺装与草坪灵活结合，勾勒出较为明显的消防车道与普通绿地的边界，从形式上成为人行步道的尺度。植草花卉砖下为可承载消防车荷载的结构层，这样既符合承重要求，又能弱化原本生硬的消防车道。这种结合方式较为直接和清晰，有利于消防人员迅速识别，但如果人工痕迹明显也会影响草坪的完整性和整体美观性。

（2）打破原有消防车道单调僵硬的线性，采用局部节点放大，形成折线、曲线、宽窄变化、收放自如的道路。

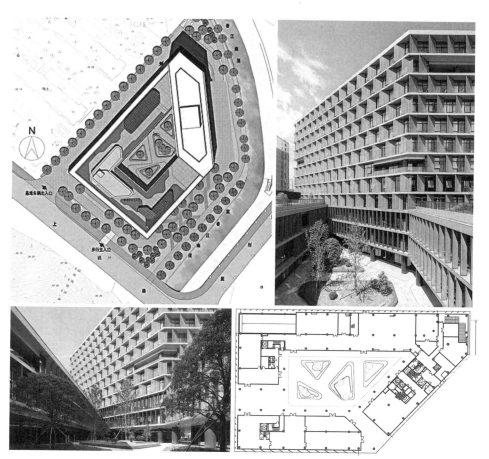

图3-3-6　杭州桐庐档案馆
（图片来源：BAU；网络；摄影：夏至）

（a）消防车道与塑胶跑道相结合

消防车道用塑料植草格

（b）消防车道与绿地、铺装相结合

（c）消防登高场地与绿地、铺装相结合

图3-3-7　消防车道与景观的结合

4

建筑庭院空间组合设计

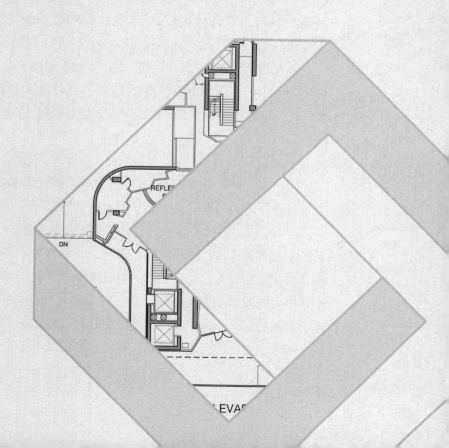

从中外古典建筑与庭院的结合选例，以及早期现代建筑传承与创新的范例中，都能感受到建筑与庭院结合的无穷魅力。建筑庭院空间组合在继承传统空间形式的基础上融合了现代功能、生活、科技等内容，进一步提升建筑空间的意境、观赏性价值与艺术感染力。

通过设计构思所形成的各种形态的庭院空间，需要进一步处理，使庭院空间获得更为丰富的空间层次及意境，并具有艺术感染力和观赏价值。庭院空间的构成和处理手法应该是多样化的，不拘一格的，对于传统手法的运用应该是灵活的、发展的、创新的。要把建筑空间与庭院空间看成一个整体统筹设计，构建适宜的空间形态，为人们创造优美宜人、风格多样的优美环境。

4.1 设计要点

4.1.1 设计原则

建筑庭院空间组合设计是一项综合性的课题，包含着建筑内部空间与外部庭院空间两个主要方面。建筑庭院的构思、立意更是与建筑设计同步展开的，而且涉及施工、管理以及人文艺术等诸多因素。因此，建筑庭院空间设计原则虽继承了建筑和景观设计的诸多内容与要求，但又区别于丰富它的内涵与方法。

随着现代工作、生活环境的发展，建筑类型趋于多样化、规模化，在建筑庭院空间布局上，也从私密性向公共性、多样性以及设计手法上的创新性、丰富性发展，并在城市发展与城市生态环境之间的协调与平衡中发挥着重要的作用。

1．尊重场地，合理布局

建筑庭院要在尊重场地的前提下，根据周边环境以及建筑功能、流线要求进行合理的空间布局，充分发挥场地中的有利因素，克服不利因素，做到"巧于因借，精在体宜"。同时，建筑物的空间布局还受地形的大小、形状、道路交通状况、相邻建筑情况、朝向、日照、常年风向等各种因素的制约，都会对建筑物的布局和形式产生十分重要的影响，而庭院空间成为协调各种不利因素的有效手段（图4-1-1～图4-1-4）。庭院空间不仅能调节温湿度、提供流通的空气和采光，让建筑更加舒适，而且能够强化室内外空间的渗透感，增强室内外的交流和联系。另外，通过院落空间组织，可以弱化建筑的主次和序列，让建筑更均质，使得人们选择路径的自由度增加，消解空间之间和功能组织之间的等级差异[①]（图4-1-5、图4-1-6）。

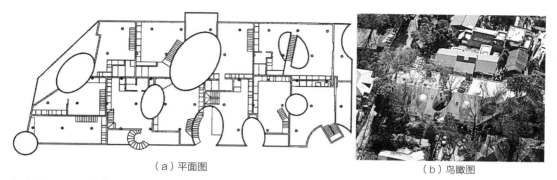

（a）平面图　　　　　　　　　　　　　（b）鸟瞰图

图4-1-1　羽根森林

（图片来源：（a）建筑设计资料集（第三版）第1分册 建筑总论［M］. 北京：中国建筑工业出版社，2017:152；（b）坂茂建筑设计）

羽根森林是日本建筑师坂茂所设计的一栋集合式公寓，整栋建筑为了保留基地内的原有树木，采用椭圆或圆形庭院将树木隔离出来，其错落有致的院落空间将建筑体量消解于自然环境之中。

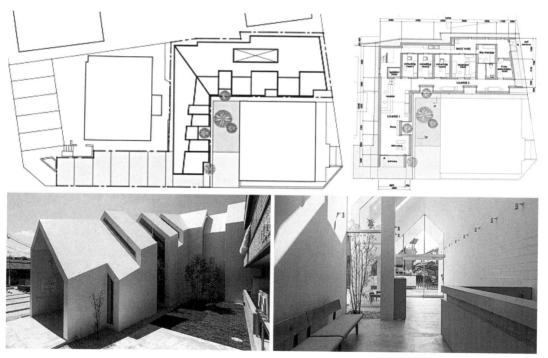

图4-1-2　日本千叶县朝日町诊所

（图片来源：hkl studio）

日本千叶县朝日町诊所位于原有社区狭小的"L"形地块内，设计师为了获得最大的使用面积，建筑几乎占满整个场地。其"L"形形体与相邻原有建筑退让一定的距离，形成一个半围合的庭院空间，丰富了入口空间的环境。另外，该建筑采用坡屋顶小屋造型，整体立面采用错缝内凹的设计手法，在丰富立面造型的同时，也形成独特的内凹庭院空间。外立面内凹空间侧面结合落地玻璃窗，在保证用户隐私的前提下，将阳光和室外景观引入室内，将室内外空间紧密地联系在一起，让就诊的病人感到放松。该建筑共有两层，为了方便老年人和残疾人，所有的临床检查室位于一层，医务办公室则位于二层。

---

① 建筑设计资料集（第三版）第1分册 建筑总论［M］. 北京：中国建筑工业出版社，2017.

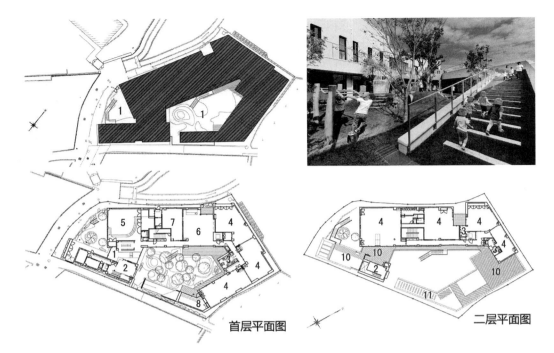

首层平面图

二层平面图

注：1-入口；2-办公室；3-洗手间；4-保育室；5-活动室；6-餐厅；7-厨房；8-工作室；
10-户外活动平台；11-户外坡道

图4-1-3 KM幼儿园

（图片来源：HIBINOSEKKEI+Youji no Shiro.KM幼儿园及保育园［J］. 住区，2017（06）：84-91.）

株式会社日比野设计的KM幼儿园在有限的地块内，将各功能空间沿着用地边界依次布置，与用地形状紧密结合，最大限度地围合出完整的室外活动场地和入口空间。在有限的空间内为了使孩子们在日常生活中也能增加运动量，对园舍做了立体化的设计，孩子们能在园舍内环游，四处走动。通过对场所及环境的塑造，创造了一个高低起伏的环境，这会自然而然地引发孩子们的运动。以此出发，建筑的屋顶一定程度上变成了运动场，它逐渐过渡并最终与操场结合在一起，使孩子们向"上"的运动变得轻松和自然。同样的，屋顶层的地面又通过户外楼梯连接到室外活动场地上，促进了快速向"下"的运动，从而使孩子们在场地内完成追逐和运动的循环。

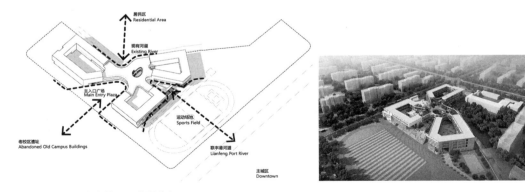

图4-1-4 扬中市外国语中学分部

（图片来源：泛建筑；扬中市外国语中学分部；网络；摄影：直译建筑摄影、何炼）

扬中市外国语中学分部位于江苏省扬中市西部城郊，是一所拥有30个班级的新建公立初中学校。学校用地红线是一个被周边现有条件界定出的不规则多边形，按学校相关规范要求，将所需的大型运动场地沿地块东侧放置，在余下的较为拥挤的地块中西部，采用了紧凑的教学综合体模式，将普通教室、理科实验室、艺术教室、图书馆、办公、运动、休闲、交流等一个现代化基础教育学校所需的多学科、多功能空间完全整合在一栋大楼之中，整个建筑沿着用地边界布置，与用地形状紧密结合，通过体型间的围合、底层局部架空及局部空间"挤压内凹"形成相应的庭院及广场空间，在节约建设用地的同时，提高各个空间的利用率及相互间的可达性。

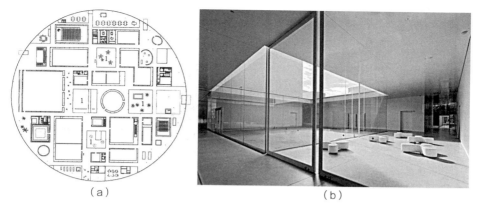

(a)

(b)

注：（a）中标注1为庭院

图4-1-5　金泽21世纪美术馆

（图片来源：a：SANAA.金泽21世纪当代艺术博物馆［J］. 建筑创作，2012（02）：48-51；b：金泽21世纪美术馆主页）

妹岛和世和西泽立卫设计的金泽21世纪美术馆，选择直径113米的圆形作为室内空间的边界，大小不同的功能空间立方体结合庭院错落穿插其中。通过这种平面组织结构，使内部空间均质化，空间组织结构网络化，消解了空间之间和功能组织之间的等级差异。

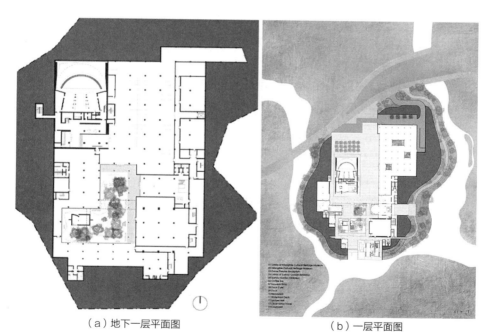

（a）地下一层平面图

（b）一层平面图

图4-1-6　苏州非物质文化遗产博物馆

| （c）庭院空间 | （d）庭院空间 |

图4-1-6　苏州非物质文化遗产博物馆（续）

（图片来源：董功. 苏州非物质文化遗产博物馆［J］. 城市环境设计，2018（01）：180-191；摄影:陈颢、Eiichi Kano）

本项目采用院落式的空间布局，将各功能空间拆分置入不同的院落，并用风雨连廊将彼此连接，人们可以通过连廊在不同的院落和体量之间随意移动，而不必担心多变天气的影响。

2．以人为本原则

以人为本是从古至今东西方一直推崇的一种哲学思想。如果说系统观下有机统一的设计思想是为了梳理建筑与庭院之间的关系，那么将"以人为本"作为指导思想引入建筑庭院设计中，就是为了梳理庭院空间与人之间的关系。人是构成空间的使用主体，只有在满足人的使用需求时，构成空间才能充分发挥其自身的价值。如今的庭院空间在强调功能需求的同时，更加关注人的感官与精神需求。

马斯洛将人的需求分为由低到高的五个级别，包括生理上的基础生存需求，安全感、私密感等安全需求，以情感为联系的社交需求，被尊重的需求和自我实现的需求，在尊重需求与自我实现需求之间的则是认知与审美需求[1]（图4-1-7）。生理需求、安全需求和社会需求是较为基本的需求，除此之外更偏向于精神的满足，而最高的则是自我实现的需求。需求层次的上升，是伴随着人的认知与智力水平的提高，同时反映着社会科技、文化水平的发展。因此，建筑更应满足使用者较高层级的需求，以达到人们对审美、文化与自我实现的追求。这就需要在进行庭院设计时，要以庭院的空间精神为设计要点，强调意境与氛围的营造，要给使用者以独特的体验，并与使用者进行精神层面的沟通。

安阳殷墟博物馆（设计：崔愷）由于殷墟遗址范围太大，博物馆无法按常规设置在保护区的外围或边缘，而是选择建于洹河西岸的遗址区中心

---

[1] ［美］亚伯拉罕·马斯洛（Abraham Harold Maslow）. 动机与人格［M］. 北京：中国人民大学出版社，2007.

地带。为减少对近在咫尺的遗址区的干扰，设计尽量淡化和隐藏建筑物体量，博物馆主体沉入地下，地表用植被覆盖，使建筑与周围的环境地貌浑然一体，最大限度地维持了殷墟遗址原有的面貌。只有规整方正的中央庭院敞口向天，打破了整个博物馆过于压抑沉闷的感觉。同时作为展厅的前导空间，中央庭院具有隐含的礼仪性，提示着昔日王都的风范和气度。唯有庭院四壁的青铜墙体稍高出周围的地面，暗示着神秘的宝库就藏在脚下（图4-1-8）。

思安墓园（设计：承孝相），该项目顺应地势，呈向上阶梯状分布在场地中。整个项目被草坪、树木覆盖，鸟瞰时如一块完整的绿地公园。公墓主入口广场位于项目地势的最底层。设计师在入口处有意地设置了一个水景庭院，浅水池由深色石子铺底，其间散乱地布置有点点灯光，由一条石道从水池中跨过，在周围斑驳锈红色高墙的映衬下，仿佛一道划过夜空的白色星轨，犹如在向到来的人们示意，这里将是一个崭新的宁静世界（图4-1-9）。

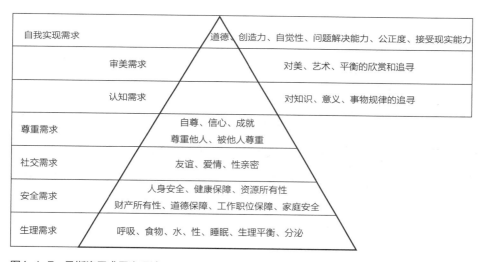

图4-1-7 马斯洛需求层次理论

图4-1-8 安阳殷墟博物馆
（图片来源：张男，崔愷. 殷墟博物馆［J］. 建筑学报，2007（01）：34-39）

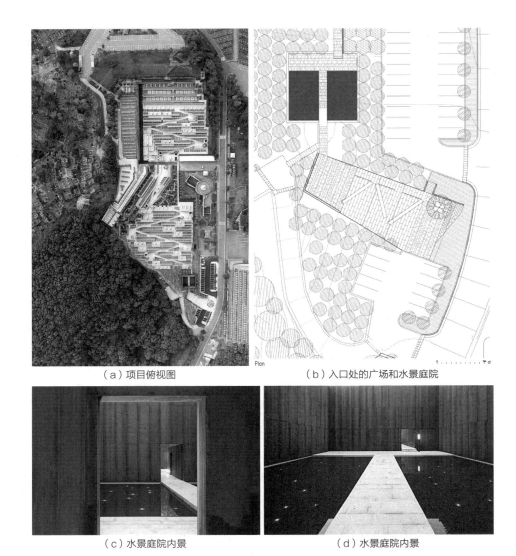

（a）项目俯视图 　　　　　　　　　（b）入口处的广场和水景庭院

（c）水景庭院内景 　　　　　　　　　（d）水景庭院内景

图4-1-9　韩国思安墓园
（图片来源：承孝相/履露斋建筑事务所；网络；摄影：JongOh Kim）

3．整体协调原则

　　建筑是一个有机整体，其空间的功能与形式要相辅相成，给人连贯的感受。庭院虽然是联系外部的空间，但其与建筑内部情感脉络的联系却是十分密切的，其空间的塑造也应服务于建筑整体的功能需求和情感需求。庭院是联系建筑与外界环境的桥梁，为人们提供了一个属于建筑内的外界交流场所，这里所说的交流既包含人与人的交流，也包含人与自然的交流。因此，在设计建筑庭院时，要保证建筑内部空间与庭院空间的连贯统一，不能让使用者在进入庭院时有脱离建筑的感觉。同时，庭院要与建筑整体氛围保持一致，让使用者在建筑内的情感得以延续、升华，不因接触外界环境而终止。

优秀的设计应该合理地处理各空间之间的关系，避免自发或偶然造成的空间混乱。庭院作为各功能空间联系的纽带，合理的设置可以化紊乱的流线为有序，将空间整合在一起，并给置身其中的人们在情感上带来由浅及深，乃至高潮，或是经历多次起伏而达到升华，这些都能以庭院为内部空间情感延续、转折的节点，让建筑空间的节奏有张有弛，成为一曲完整的旋律。

绩溪博物馆（设计：李兴刚），采用庭院布局来组织流线。博物馆中的三个庭院完整地串联起整个建筑流线，从入口的水院起，最终又回归到水院，其间两个树院穿插在流线之中，以轴心的形式汇聚不同的展览空间，或是以并行的方式伴随展览的进行，打破了观展时间过长的烦累之感，调节了参观的节奏，保证了情感体验的完整。

中信泰富朱家角锦江酒店（设计：崔愷），采用庭院布局来组织各功能空间和流线。酒店的主要入口设于西侧地块的南端，以一叠水影壁为基点引出南北向进入酒店的轴线。第一进院落是酒店的入口前庭，以围合的廊道和水池景观形成静谧宜人的迎客氛围，也满足了不同人、车流的交通组织的需要。第二进院子是酒店大堂，虽然是室内空间，但中心立体水帘确实来自民居中四水归堂的理念。第三进院子是主庭院，也以水景为主，周边围合的会议、宴会厅、健身中心、客房、餐饮区形成一个个或开或合的院落依次展开，展现了丰富而幽深的层次（图4-1-10）。

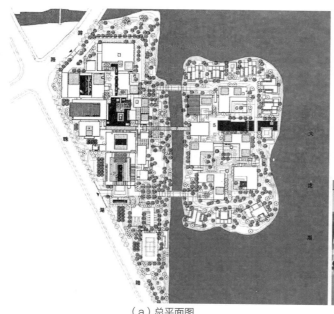

（a）总平面图　　　　　　　　　　　（b）入口庭院

图4-1-10　中信泰富朱家角锦江酒店

（c）主庭院　　　　　　　　　　　　　　　（d）4号客房庭院

图4-1-10　中信泰富朱家角锦江酒店（续）

（图片来源：崔愷，刘恒，单立欣，施海燕. 中信泰富朱家角锦江酒店［J］. 建筑学报，2015（06）：84-91；摄影师：张广源）

4．美学原则

建筑是人类按照美的规律塑造的美的物体、美的空间、美的环境。它是一门综合性的科学，既包括地基、结构、空间、物理、材料、设备等自然科学，又包括艺术、美学、环境心理学等社会科学。它既要适应人们物质生活的需要，同时也作为人们艺术审美对象，来适应精神生活的需要，并给人以美的享受[①]。美国现代建筑学家托伯特·哈姆林在《建筑形式美的原则》一书中，提出了现代建筑技术美的十大原则，即统一、均衡、比例、尺度、韵律、布局中的序列、规则的和不规则的序列设计、性格、风格和建筑色彩，较全面地概括了建筑美学的基本内容。而建筑庭院设计也要符合上述美学原则，处理好围合界面以及内部景观空间设计，通过造型与色彩的运用来彰显自己的特色。

（1）空间造型的塑造

空间具有形状、体量、色彩、质感等视觉要素，以及位置、方位、重心等关系要素，其视觉效果与限定空间的方式、闭合程度、进深感有关。庭院空间的主要限定因素是围合界面与底界面，不同的构成方式可以形成不同类型的内部或外部空间。由于庭院空间与建筑内部空间的边界可以是开敞或封闭，庭院空间经常表现为复杂、通透，尤其是一些不规则的庭院空间，其渗透性和流动性更为突出。空间形态、比例、尺度的差异往往给人带来不同的感受与氛围，如开阔或封闭、严肃或亲切、单纯或复杂。同时，庭院与建筑整体空间的序列、材料、肌理、光影色彩等也影响着整体空间的效果，这就要求在庭院空间设计中综合运用美学原则，突显其空间气质。

美的未来中心售楼部（设计：XAA建筑事务所詹涛工作室），通过几何体的旋转、连接形成特定围合空间，并由室外悬挑楼梯作为庭院空间的焦点。首层围合界面采用落地透明玻璃，其通透性让功能空间的自由度得以延展，有效地拓展了空间的公共性，同时也将周边的山、水、植物等自然景色

---

① 袁镜身. 建筑美学——一门值的研究的科学［J］. 建筑学报，1993（04）.

融入室内（图4-1-11）。

汪曾祺纪念馆内庭院在规整平面布局下，通过围合立面几何体的聚合，以及不同材质、肌理的运用来丰富空间氛围。纪念馆采用木纹凹凸肌理的清水混凝土作为主要材质，与汪老简约而朴素的文风相契合。外墙肌理从负一层到一层采用水平通缝，到二层采用深浅交错形式，形成了似涟漪又似水岸湖岸被水流侵蚀后的褶皱，汪老作品如水，一生仅三次返乡，那写不尽的乡愁化作一道道凹凸肌理，赋予了混凝土外墙独属于汪曾祺的纪念性（图4-1-12）。

长沙智谷AI科技中心（设计：深圳华汇设计）由通透的金属环廊将各建筑单体整合在一个空间内，化整为零。建筑与环廊之间形成四个景观庭院，并通过景观的方式赋予不同的特质，形成水院、光院、竹院、展院（图4-1-13）。

建筑造型是为了使建筑具有整体的美感，同时又具有多样化与秩序性，因此需要用美学的原理对建筑进行造型塑造，其中最常用的造型手法有以简单的几何形状求统一、主从与重点、均衡与稳定、对比与微差、韵律与节奏、比例与尺度[①]。在庭院设计中运用相似的手法可以确保整体与局部、局部与细节之间达成统一，形成整体感。

主从与重点从景观设计而言，主景是空间的核心，它是主体与主题所在，是控制视线的关键点，通过对主景体量、色彩、造型等的强化处理，使其在从景的烘托映衬下体现出主从重点关系（图4-1-14、图4-1-15）。如果景观设计不分主次均衡对待，会使整个景观平淡无奇，了无趣味。

庭院空间的韵律与节奏主要是依靠空间构图来获得，利用空间的对比与组织、景观节点的排列与布置、空间的比例与尺度等方面。如把具有大小、形状、开合等差异明显的空间通过一定的序列组合排列，将产生强烈的对比效果，从而烘托出各自的特点。同时，利用庭院各构成要素的大小、高低、曲直、明暗、简繁、疏密、具象与抽象的对比形成不同的构图与韵律感（图4-1-16~图4-1-18）。

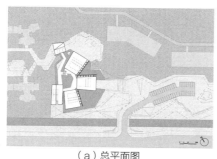

（a）总平面图　　　　（b）一层平面图　　　　（c）庭院内景

图4-1-11 美的未来中心

（图片来源：邱日培. 美的未来中心 [J]. 世界建筑导报，2020. 35（02）：98–103.）

[①] 彭一刚. 建筑空间组合论（第三版）[M]. 北京：中国建筑工业出版社，2008.

图4-1-12 汪曾祺纪念馆

（图片来源：江立敏，王涤非，戴雨航. 嵌入城市 融入生活——汪曾祺纪念馆文化特色街区设计思考［J］. 当代建筑，2020（09）：17-20；摄影：陈颢）

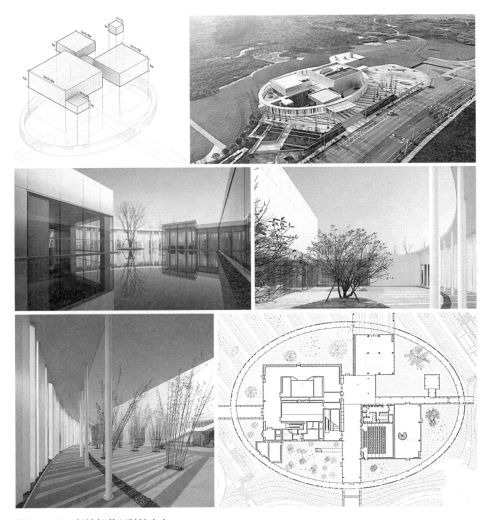

图4-1-13 长沙智谷AI科技中心

（图片来源：深圳华汇设计；网络；摄影：张超、夏至）

图4-1-14　苏州银城原溪庭院
（图片来源：承迹景观；网络；摄影：王宁）

图4-1-15　广东佛山龙光·玖龙郡
（图片来源：深圳市赛瑞景观工程设计有限公司；网络）

图4-1-16　龙湖·天曜
（图片来源：重庆犁墨景观；网络；摄影：Holi河狸景观）

因此项目以"电竞"为出发点，勾勒对未来生活场景的构想。采用半开放式的景观设计，以雕塑语言构建起漂浮绿岛，超脱现代的视觉感受凸显未来感；开敞且醒目的城市界面暗示作为未来商业的公共属性。将浮岛作为雕塑装置，构想它对外的展示功能。同时分割广场和花园空间，实现视线上的穿透和空间上的阻隔，模糊场地的界限关系，使得整个场地感受更加开放和融合。

图4-1-17　石家庄力高·悦麓兰庭
（图片来源：深圳市希尔景观设计有限公司；网络；摄影：任意）

经平台行走花径小路，穿梭婆娑树影，可达庭院山石雕塑，悠然体会"门巷堂园郡望府，诗意人居礼序归"的府制庭院。

图4-1-18　上海融创滨江壹号院二期改建项目景观设计
（图片来源：朗道国际设计；网络；摄影：存在建筑）

内部道路与地形、植物紧密结合，保持着和建筑风格的一致性，构成了一种独特却和谐的整体感。

（2）色彩的运用

伴随着人们生活水平和素质修养的提高，人们对美的渴望也日益提升，对生活环境除了要求具有完善的功能性外，对视觉美感的需求也日益增长。色彩这一美的第一传达者就显得尤为重要。另外，色彩的运用在现代社会环境中发挥着越来越重要的作用，从城市建筑到城市景观，再到大众媒体，色彩的应用无处不在，已成为现代社会生活与文化的显著标志。

色彩通过人的视觉感知传达给大脑，对人们获取外界信息起到至关重要的作用。不同的色彩会给人们不同的心理感受，根据建筑及室内外环境的使用特征以及服务对象，采用适当的色彩组合，可以产生不同的韵律感和序列感，可以更好地发挥空间想要带给人们的感触，增强空间的层次感和情感的传达。

深圳华中师范大学附属龙园学校（设计：筑博设计、H DESIGN）在围合庭院中采用出挑的室外彩色楼梯作为空间的视觉焦点，在丰富空间色彩的同时，也为校园空间带来活泼的氛围（图4-1-19）。葡萄牙里斯本某中学建筑（Braamcamp Frelre School）外表皮采用现浇混凝土和混凝土预制构件组成，为了消除混凝土灰冷的色调，竖向立面构件局部采用彩色涂料装点，提升了立面的层次感，也为灰冷单调的校园空间涂抹上了一层暖意（图4-1-20）。上述案例还是色彩的局部使用，那么澳大利亚语言学校及科学中心则是大面积使用色彩的典型案例，该项目还获得2016年度 WAN Colour in Architecture Award色彩建筑奖。该项目圆形的平面是根据学校原始的总体规划加入了适当的地区文化后形成的。然而，建筑内部并没有单调的重复外边流线型的形态，而是选择使用几何的切割手法和颜色来定义中庭的空间，包括光井和学习区域。庭院内部尖锐的转角和鲜艳的色彩与外部圆形的结构和柔和的色调形成鲜明的对比（图4-1-21）。

色彩在建筑庭院中的运用主要有以下几点：①植物自身色彩的运用。植物因种类的不同具有各自特定的色彩，而植物色彩随着时间、季节的变化发生相应的改变，从而引起空间色彩旋律的流动，表现独特的季节之美。②植物之外的其他色彩的运用。除了围合建筑、构筑物外，还包括铺地、道路、山石、水体、景观小品等其他庭院构成要素（图4-1-22）。

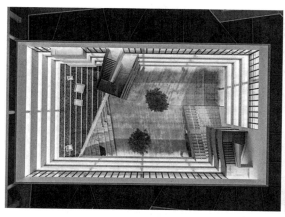

图4-1-19　深圳华中师范大学附属龙园学校
（图片来源：筑博设计股份有限公司；摄影：是然建筑摄影/苏圣亮、吴清山、萧稳航）

图4-1-20　葡萄牙里斯本某中学（Braamcamp Frelre School）
（图片来源：CVDB Arquitectos；网络）

图4-1-21　澳大利亚语言学校及科学中心
（图片来源：Mcbride Charles Ryan；网络）

5．空间功能布局

根据建筑庭院的性质、功能、主题、服务对象等，结合场地具体情况进行扬长避短的空间设计构思，使构成庭院的各景观要素按照一定的构图手法进行组织，通过各景观的空间层次变化和视点的转换，营造丰富的空间环境。

（1）功能划分与组织。根据不同的功能需求与人流分区，利用铺装、景墙、植物等景观要素进行空间划分与衔接，将庭院空间划分为通行、观赏、休憩、交往等若干空间。

（2）各空间景观节点与游览路线相结合达到步移景异的空间体验。

（3）空间序列与层次。空间序列分为开始—引导—高潮—尾声四个阶段，其展现主要借助游览路线的引导与景观设置。空间层次性可通过空间的对比、转换，景观构图的收放叠加，以及借景、障景等手法来实现，如采用"欲扬先抑"以视线隐约可穿透的景墙或造型植被对主景和高潮进行"障景"和"藏景"，或通过曲径通幽来营造深远的空间层次。

四川成都的侠客岛花园岛庭院更新项目是基于成都花园饭店进行的改造，在整个花园演变过程中，设计师用抽丝剥茧的考古式发掘，探讨花园的前世今生，既不想破坏它演变的痕迹，也想保留它最初的气质——"改良"的方法明显优于大拆大建的"革命"。更新仅以"回廊"为基本元素。回廊借用场地原有路径，重建并延长过去的临时连廊，新建回廊避开了庭院中的所有的水石花树。将原酒店大堂改为茶室，回廊起点与终点均是茶室，最终构建出"疏密得益，曲折尽致，眼前有景"的庭院景观。因沿线中山石、花木的不同，将回廊局部变形、放大，形成可停留休憩的节点，使在庭院中的"动观""静观"成为可能，将一个观赏性的庭院变成一个可以分享、交流甚至恋爱的地方空间（图4-1-22）。

美国纽约的VIA 57 West空中庭院是金字塔建筑内的一个高差很大的屋顶庭院———个融入自然环境的空间。该设计意图带领游客徒步穿越哈德逊河流域，沿途进过三个当地的栖息地。空中庭院通过蜿蜒曲折的砖砌道路从蕨类植物和桦树林开始，蜿蜒而上，经过林中旷地，达到山顶草地，在此可以俯瞰正对的哈德逊河。整个游览路线蜿蜒曲折，其间根据不同的功能需求与人流，利用铺装、植物、挡土墙等景观要素进行空间划分，将空间划分为通行、观赏、休憩、交往等若干空间。结合各空间节点使在行进过程中达到步移景异的空间体验（图4-1-23）。

图4-1-22　四川成都的侠客岛花园岛庭院更新项目
（图片来源：门口建筑工作室；网络；摄影：存在建筑）

图4-1-23　美国纽约VIA 57 West空中庭院景观设计

图4-1-23　美国纽约VIA 57 West空中庭院景观设计（续）

（图片来源：BIG；网络）

山顶草地　　　　林中旷地　　　　白桦林

4.1.2　功能性特点

　　建筑庭院空间设计要遵循一个最基本的准则就是要满足功能性要求。设计师应根据庭院的不同功能进行针对性的设置，用恰当的方法组织各功能空间序列，并处理好尺度的转换与衔接，在流线转折处起到既承接又转折的功能，具有适宜的指向性，连贯起整个建筑空间。同时，庭院始终要满足建筑功能的需求，不能脱离基本的功能而空谈精神情感。

1．作为联系空间

　　庭院不是建筑的主体部分，与口厅、走廊一样属于过渡空间，其主要作用是联系不同的功能空间，保证空间的连贯性。走廊、楼梯等过渡空间以线的形式连接空间，简单明了。庭院却没有强烈的指向性，它以二维平面的方式连通多个空间，模糊了多个空间的主从关系，使空间均质化，或者以三维的形态出现，贯通不同的竖向空间，增强了空间的多维交流。庭院的连接又是模糊的，其非指向性给使用者提供了多种选择，这一特点使得庭院往往成为空间联系的重要节点。

空间因其功能的不同而被划分，给人以不同的精神氛围感。庭院将不同的功能空间分隔，完成了空间功能的转换，更重要的作用在于空间精神的转换。建筑庭院正好提供了这样一个场所，让使用者在进入另一个空间之前完成心态的转换，从而使庭院空间精神得以延续，而不至于太过生硬。庭院与其他过渡空间的不同之处在于它的室外性，这种纯粹的内外空间的转换让上一个空间情感在此回味、沉淀，为下一个空间的到来做好准备。

例如成都的兰溪庭（设计：上海创盟国际建筑设计有限公司）是对中国传统江南园林的全新演绎，其主要由三进院落组成，这三进院落分别承担餐饮、内院和私人会所的功能。居所与园林在纵深方向多重组合，这种布局方式传达了传统江南园林空间的层次性和多维性（图4-1-24）。而东原千浔社区中心则采用底层架空的方式引导人流，并通过结构墙体的上下交叠和围合来划分各个不同的空间。在这个空间结构里，交替出现的实墙和洞口让建筑与自然在相互的界定中融会贯通，形成了一个可以相互渗透的庭院聚落。各种社区活动和步行动线通过庭院的划分各得其所，也通过庭院之间的空间流动被联系在了一起（图4-1-25）。

庭院作为联系空间的另一个层面是作为新老建筑的过渡。在现代建筑中我们常常利用庭院来削弱彼此建筑间的界面冲突，特别是在处理新老建筑间的关系上。庭院可以成为新旧建筑间对话与联系的桥梁，在历史文脉的传承上扮演着重要的角色。如清华大学图书馆四期扩建工程（图4-1-26）、嘉兴图书馆改扩建工程（图4-1-27）和法国巴黎的国际商业律师事务所Gide新总部大楼（图4-1-28）都是利用内庭院来削弱新旧建筑之间的界面冲突和空间的衔接，使新建建筑在整体空间上达成统一。

（a）一层平面图

图4-1-24　兰溪庭

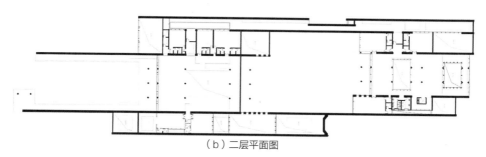

（b）二层平面图

（c）内庭院

图4-1-24 兰溪庭（续）

（图片来源：上海创盟国际建筑设计有限公司；兰溪庭，成都，中国 [J]. 世界建筑，2014（07）：52-55.）

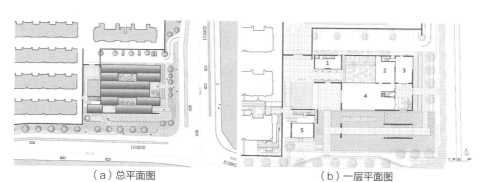

（a）总平面图

（b）一层平面图
1-亲子活动室；2-休息厅；
3-社区事务中心；4-艺术展厅；5-便利店

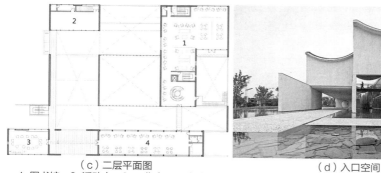

（c）二层平面图
1-图书馆；2-活动室；3-工作室；4-咖啡厅

（d）入口空间

图4-1-25 东原千浔社区中心

（图片来源：山水秀建筑设计事务所；东原千浔社区中心 [J]. 城市建筑，2018（04）：94-101.）

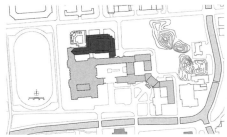

（a）总平面图. 深色区域为四期新扩建部分

（b）鸟瞰图

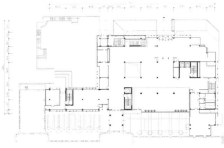

（c）一层平面图

（b）三期原有建筑与四期新扩建部分之间形成内庭院

图4-1-26　清华大学图书馆北楼

（图片来源：关肇邺，清华大学建筑设计研究院有限公司. 槛外山光如旧——清华大学图书馆北馆建筑创作［J］. 世界建筑，2020（06）：134-137；摄影：存在摄影、李炎）

清华大学图书馆是校园的重要标志性建筑，始建于1919年，由美国建筑师亨利·墨菲（Henry Murphy）设计。其后历经两次扩建：20世纪30年代由杨廷宝设计的二期扩建和80年代由关肇邺设计的三期扩建。北馆暨李文正馆，是对图书馆建筑的第四期扩建，地处清华大学校园核心区。设计力求在延续校园历史文脉的同时，满足当代教学与学科发展需要。

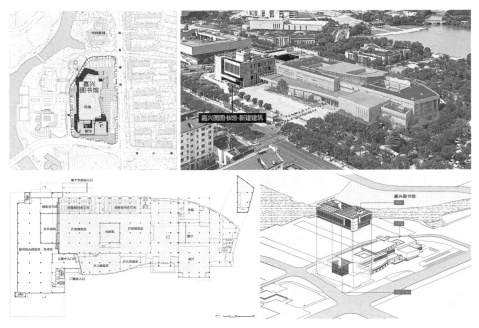

图4-1-27　嘉兴图书馆改扩建工程

（图片来源：STI思图意象（杭州）事务所，浙江省建筑设计研究院. 摄影师：王大丑、俞淳流；网络）

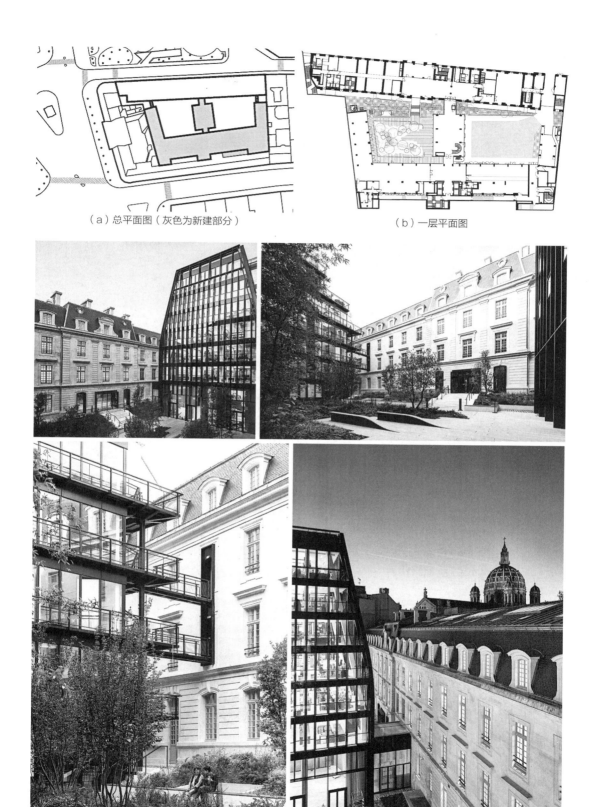

（a）总平面图（灰色为新建部分）　　　　　　　　（b）一层平面图

图4-1-28　法国巴黎的国际商业律师事务所Gide新总部大楼
（图片来源：PCA Stream；网络）

2．作为内部空间的延续

庭院作为室外空间常常通过设计打破室内与室外的界限，让彼此空间与视线得以延伸与融合。人的活动不仅仅需要具有围合的室内空间，对于自然的室外空间需求同样存在。庭院作为室外空间恰好满足了人室外活动的需求。从建筑空间整体来看，庭院是室内空间上的补充和延续，是整个建筑空间的组成部分（图4-1-29～图4-1-31）。

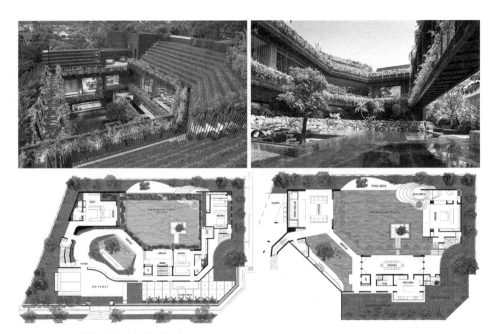

图4-1-29　新加坡康沃尔花园住宅

（图片来源：CHANG Architects；网络）

这栋住宅是为多代同堂家庭设计的。客户想要一间开放的住宅，一间一家人共享天伦之乐的清爽热带风格住宅，并希望他们的孩子也能在这里养育他们的后代。设计依托于人与人和人与自然之间的关系，在此，一家人和自然能共享这片空间。建筑师将植物、水体和居住空间整合为一体。这样的布局兼有自然光、自然通风和被动式散热。同时它还创造了一个能利于整体的生态友好的环境。

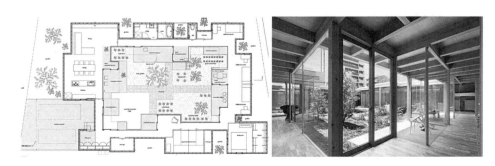

图4-1-30　日本名古屋花园住宅

图4-1-30 日本名古屋花园住宅（续）
（图片来源：保坂猛建筑都市设计事务所；网络）

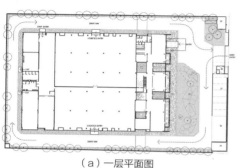

（a）一层平面图

（b）建筑外观

（c）办公区一层平面图

图4-1-31 越南Star Engineers工厂兼办公楼
（图片来源：Studio VDGA；网络；摄影：Hiroyuki Oki）

一系列的庭院交织在工作区域，给周围环境注入新鲜空气。从办公区放眼望去，呈现在人们眼前的是令人愉悦的园景和池塘，而非千篇一律的百叶窗和人造室内装饰。所有隔间和公共办公区域的分隔墙都用透明玻璃取代，营造出一种所有空间相互交织的氛围，让人在任何位置都可以欣赏到庭院风景。整个体量是一个简单的成型混凝土围护结构，上面的修长彩色穿孔金属屏与周围景致相互点缀。在规划分离格状空间的同时，打造出了完美的庭院空间。

3．作为改善空间环境质量的措施

采光与通风是建筑最基本的需求，而一些大体量的建筑普遍存在内部空间采光难、不易通风的问题。庭院可以很好地解决这一难题，破除了巨大的体量，使建筑内部与外界联通，起到"光通道"与"风通道"的功能。顶部开敞的庭院空间保证了自然光线的充足，对庭院及其边界进行巧妙的设计，进而改变光的强弱、形态，更是高超设计手法的体现。建筑必须有适宜的通风方式，否则必定会影响使用者的体验与感受，庭院的引入很好地解决了这一问题，打通了建筑与外界，也打通了不同的楼层，避免了局部封闭造成的通风死角（图4-1-32～图4-1-34）。

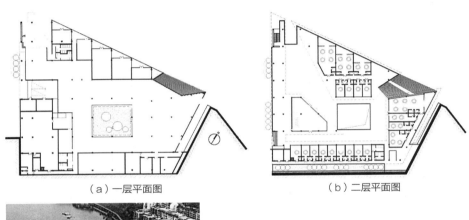

（a）一层平面图　　　　　　　（b）二层平面图

（c）实景图

图4-1-32　云阳四方井服务建筑

（图片来源：林郁，郑晨曦. 现代精神承托下的传统浪漫——云阳四方井服务建筑［J］. 建筑技艺，2019（03）：33-39.）

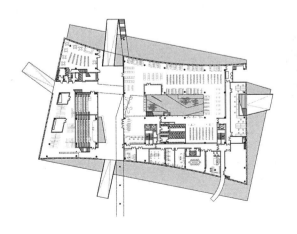

图4-1-33　南方科技大学图书馆

（图片来源：都市实践. 南方科技大学图书馆［J］. 建筑学报，2014（07）：62-70.）

本项目采用局部架空，设置内庭院的方式解决了大体量建筑室内通风和采光的问题。

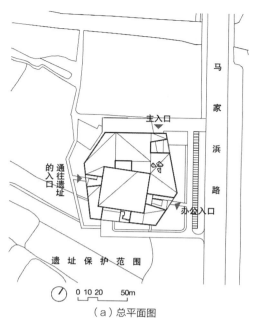

（a）总平面图

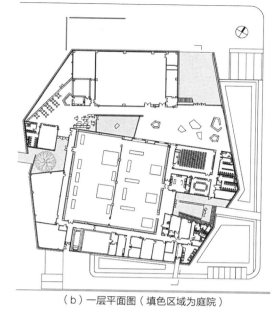

（b）一层平面图（填色区域为庭院）

图4-1-34 马家浜文化博物馆

（图片来源：同济大学建筑设计研究院（集团）有限公司，曾群建筑研究室. 马家浜文化博物馆［J］. 建筑学报，2020（11）：75-78.）

建筑形体间自然形成了四个庭院，形成了室内功能交接处有趣的过渡，在空间转承启合的节点处，形成了每个庭院独特的性格，点缀并丰富了整个建筑的空间体验。

4.1.3 行为心理分析

建筑空间设计不仅是为人们提供活动和生活的场所，而且对人的生理和行为心理产生潜移默化的影响。它们既可以通过建筑空间及环境的设计来诱导或改变人们的某些行为方式，也可以根据特定使用人群的行为和心理方式来指导建筑空间设计，使其更符合特定人群的使用需求，突显特定功能建筑的属性。正如1943年时任英国首相的丘吉尔在就英国议事堂重建问题之前而进行的演讲中所说的话"我们塑造了建筑，而建筑反过来也影响了我们"。这意味着空间对我们的生活产生了十分重大的影响。

功能的适应性对庭院来说有着独特的优势。在庭院中人们的行为方式及流线可以随时随地的发生改变，以此来达到对各空间的有效组织。利用这种优势，在庭院设计上就需要我们考虑人的行为心理层面，进而在庭院中划分出不同的活动范围，并衔接好各功能空间。庭院是由各空间围合而成，所以在对功能空间的组合上具有灵活多变的适应性。无论是内庭院还是外庭院，在人们行为心理的衬托下，都有着很好的集中与分流的作用。现代公共建筑常设置入口庭院作为建筑与城市空间的过渡。这一过渡手法从空间行为学的角度来看，是一种由公共性向私密性的转化，以满足人们对于私密性、安全感的需求，并给人们提供选择独处或共处的过渡空间，让人们在出入建筑物时能够做好充分的心理准备。

做好庭院空间的设计不仅要关注空间的景观构成，更需要对各类人群的行为与心理进行针对性分析，将庭院营造成环境怡人，满足人的多种使用需求。

在针对少儿使用的建筑设计时，应充分考虑少儿空间行为及心理特点。首先，少儿的成长期特点决定了他们的户外活动多是跑、跳、翻越等剧烈活动。其次，少儿天生的好奇心决定了他们喜欢寻找、发现和探索未知有趣的空间。最后，少儿喜欢结伴，群体活动和嬉戏。所以，少儿室外活动空间往往以"游乐空间"为设计出发点，并辅以材质、色彩和游乐设施等的运用，来体现儿童的行为心理需求。在设计细节上多以特定少儿的人体尺度为设计依据，使其更加符合特定人群的使用（图4-1-35）。

在针对年老人群使用的建筑设计时，应充分考虑年老人群感知和行动能力的衰退，在空间设计上应注重功用性与安全性，甚至通用设计（通用设计，Universal Design，即在设计中应该综合考虑所有人所具有的各种不同的认知能力与体能特征，构筑具有多种选择对应方式的使用界面或使用条件，从而向社会提供任何人都能使用，且任何人都能以自己的方式来使用的优良设计）来满足不同行为能力人群的使用（图4-1-36）。

（a）鸟瞰图

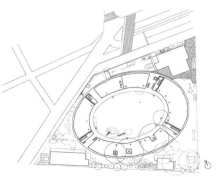
（b）总平面图

图4-1-35　日本东京藤幼儿园

图4-1-35 日本东京藤幼儿园（续）

（图片来源：手塚建筑研究所；摄影师:Katsuhisa Kida／FOTOTECA；网络）

日本东京藤幼儿园是以圆形建筑围绕庭院的"无终端、无墙壁、无阻隔"幼儿园。尤其以屋面开辟的倾斜8°的圆圈跑道作为创意的立足点，被誉为最优秀的教育建筑，幼儿园设计的经典之作。设计师对儿童心理、活动规律、审美情趣作了深层的探索：

（1）儿童时期是人一生的开始，通过"看、触摸、感受、思索、行动"来认识世界、感受世界。

（2）无起点、也无终点。环形斜面上的行走、奔跑，孩子们好奇、好动的自我探索属于自己的乐趣。在空间布局上，连续环形，以家具作自由分隔的教室、公共用房，以及庭院的敞开的滑动玻璃隔断，使课程之间以不同的环境相互贯通与相处，结交了新朋友，融入了集体。

图4-1-36 重庆龙湖颐年公寓康复花园

（图片来源：GVL怡境国际设计集团+张玲博士；网络）

4.2　传承与创新

　　当今建筑的庭院空间组织，庭院与建筑的相互适应性、融合性、创新性是建筑创作中的重要课题，即我们通常称之为"传承与创新"，传承与继承虽一字之差但有着本质的差别，如果只是一时地模仿传统，那意味着当下这个时代的缺席。结合不同建筑类型、不同功能特点，并与当代生活的需求与审美情趣，不断推陈出新，充分体现时代的特点，这是庭院空间组织的主要点（图4-2-1～图4-2-4）。

　　传统庭院空间中的框景、障景、仰景、借景、对景等造园手法一直是中国传统园林的精华，在现代庭院设计中，也常用来营造包含文化底蕴和特色表现力的庭院空间。相比传统庭院的创新点在于组织材料和组合方式的变革，像新型结构和材料，以及建造技艺的提高与丰富，其寄情于景、移步换景、小中见大的意境是与传统庭院的深远韵味一致而和谐的（图4-2-5～图4-2-8）。

（a）一层平面图　1-内庭院；2-水池　　　　　　　（b）二层平面图

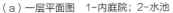

图4-2-1　凹舍

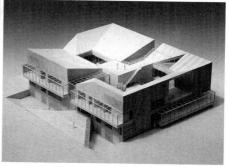

图4-2-1 凹舍（续）

（图片来源：陶磊. 凹舍的材料感性 [J]. 时代建筑，2014（03）：82-89.）

建筑被设计成内凹的方形"砖盒子"，屋面凹形空间向中心汇聚，与三个室内院连接成了一个整体，巨大的空间张力把整个天空全部收纳到建筑内部，并暗合了传统的"四水归堂"。在这个方形"砖盒子"中，通过书院、竹院、山院的插入使得其内部空间变得丰富而有诗意，形成了"屋中院"，使建筑成为一个外部严谨厚重而内部灵动的独立世界。插入的内院像灯笼一样点亮着整个室内空间，自然光给建筑带来了无限的戏剧性。这是在中国传统的空间意识、文化意识及当下价值观的前提下去改变一些规则，营造一个东方式的内部空间。

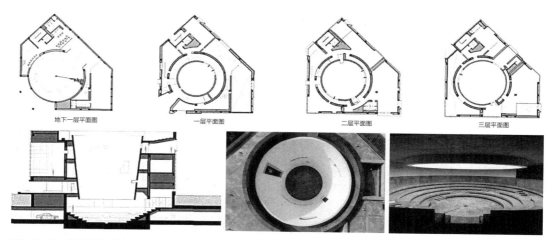

地下一层平面图　　　　一层平面图　　　　二层平面图　　　　三层平面图

图4-2-2 阿那亚艺术中心

（图片来源：杨延蕙，郭鹏，高乐舟，鲁永新，Ellen Chen，Utsav Jain，Josh Murphy，Gianpaolo Taglietti，Susana Sanglas，Lili Cheng，Pedro Pegenaute.阿那亚艺术中心 [J]. 世界建筑导报，2019，34（06）：115-118.）

艺术中心的概念设计以季节性的海水变化为灵感，试图将大自然的奇妙囊括于建筑的内核。建筑的外围体量厚重，最大程度利用了基地面积，而中心位置则挖凿出了一个倒置的圆台空间，形成一座环形的阶梯式剧场。空间形式可以满足多种使用需求，环形的广场在充满水时可以形成水景，排水后又可作为表演和集会空间，能够吸引更多的人群，同时带动艺术的活力，从而使得这个项目不仅仅是一个艺术的空间，同时也是一个社区分享和聚集的地点[1]。

---

① 杨延蕙，郭鹏，高乐舟，鲁永新，Ellen Chen，Utsav Jain，Josh Murphy，Gianpaolo Taglietti，Susana Sanglas，Lili Cheng，Pedro Pegenaute. 阿那亚艺术中心 [J]. 世界建筑导报，2019，34（06）：115-118.

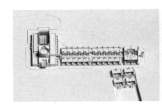

图4-2-3　汤山云夕博物纪温泉酒店

（图片来源：张雷联合建筑事务所；图片摄影：Wen Studio；网络）

用地形整理、基础开挖的石料加上白水泥建造的一个温泉酒店，是从材料物质性开始的在地域性可持续实践的探索，石头和白水泥蕴含了汤山及其采石宕口的在地性基因。以汤山地质公园的大地史和汤山猿人神秘的人类史背景为线索，云夕博物纪营造了未来废墟般的历史感场所，让我们感受到自然在时间中的进化，从汤山直立人神秘的人类起源，到云夕博物纪浪漫的基本建筑原型空间，时间对空间的修复和连接润物无声、永不停息。

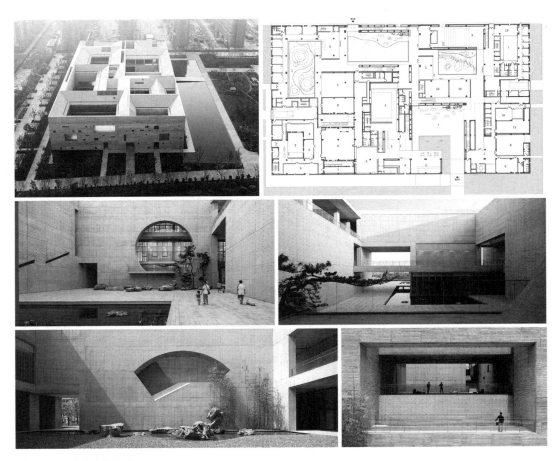

图4-2-4　寿县文化艺术中心

（图片来源：由昌臣，Shuhei Nakamura，杜扬，刘伶，吴志刚，杨圣晨，丁新月，柯军，吴祺和，杜瑶，苏圣亮. 寿县文化艺术中心 [J]. 建筑实践，2020（02）:172-183；摄影：是然建筑摄影）

城内建筑的类型是院落式的，它既不同于北方的院落住宅，也有别于安徽南部的徽州民居。它保持着南方建筑垂直院落的形制，窄窄的街道，小窗，实墙，以抵御冬天的寒冷、夏天的阳光。每一个功能拥有两到三个内院，建筑主入口的前院尺度较大，形成了一个公共广场，意味着寿县民居中的前院和"堂屋"，建筑后部的后院又有着寿县民居中"后花园"的味道。这条漫游环道，引导着人们缓步桥上，穿越水面，步入建筑之中。从前院开始，在不打断室内连续性的前提下，人们可以穿梭游览于布满了很多内院的整个建筑。沿着这个可遮阳避雨的环形廊道，参观者时而在一层，时而又到了二、三层，空间变幻莫测，光影时明时暗，去探索发现令人意想不到的惊喜，感悟"藏、息、修、游"所赋予中国传统建筑的艺术精神。

图4-2-5　浙江宁波国建·湾里院子休闲度假村

（图片来源：璞玉景观工作室；摄影：李伟）

现代住宅庭院在注重自然景观的同时，更注重交往空间的设计。

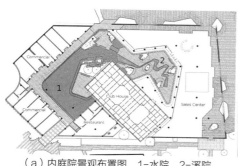

（a）内庭院景观布置图　1-水院. 2-溪院　　　　（b）溪院内景

（c）蜿蜒流水状的灰色石材铺贴　　　　　　（d）石材铺装细部

图4-2-6　苏州中航樾园内庭院

（图片来源：张东，唐子颖，杜强，范炎杰，林佩勳，张海. 时光雕刻·苏州中航樾园内庭院设计 [J].
风景园林，2016（12）：64-73.）

"逝者若斯夫，不舍昼夜"，时间像水一样不停地流逝，一去不复返。历史的长河滚滚前流，时间又
会留下独特的印记。苏州园林的标志性元素太湖石就是水和时间留下来的印记。考虑到场地独特的
地理位置，景观设计确定在内庭院通过水景来表达时间这一主题：泉水从石台上安静地溢出，汇成
一条小溪，小溪蜿蜒流过庭院，时浅时深，时宽时窄，最后汇入一个池塘。小溪的独特设计可以让
人感受到时光在石材上雕刻的印记[1]。

---

① 张东，唐子颖，杜强，范炎杰，林佩勳，张海. 时光雕刻·苏州中航樾园内庭院设计 [J]. 风
　　景园林，2016（12）.

图4-2-7 珠海万科第五园
（图片来源：GND杰地景观；网络）

运用"以静写动"的表达手法，融入现代审美的表现形式，用具有原始的粗粝石头质感的片岩堆砌成平地，造就"景虽静且涟漪"的动态效果。片岩为底，植物为章，置石点缀，虽为枯山水，但在光影变化下，却能呈现出水波流转的错觉，让人沉浸在自然和梦幻的感知中。

图4-2-8 珠海万科第五园
（图片来源：赛瑞景观；网络；摄影：琢墨摄影）

庭院采用现代跌水处理手法，结合灯光设计及雾森系统，在传承传统文化和造园精神的同时，传达出居于山水之间的居住理念。

4.3 现代建筑庭院组合类型

4.3.1 居住类建筑庭院

1. 退台式（台阶式）住宅（图4-3-1～图4-3-4）

早在20世纪50年代国外就出现了多层退台式住宅，退台式住宅也叫作台阶式住宅，其外形类似于台阶。退台式住宅就是将下层套型的一部分屋顶作为上层套型的室外庭院空间，这种形式配合山坡地形后退更易于实现，当地势平坦且层数较多时，底层中部的暗空间常被用作车库或者其他附属设施空间。

图4-3-1 蒙特利尔的台阶形住宅

（图片来源：张钦哲. 蒙特利尔的台阶形住宅［J］.
建筑知识，1987（04）：1+13.）

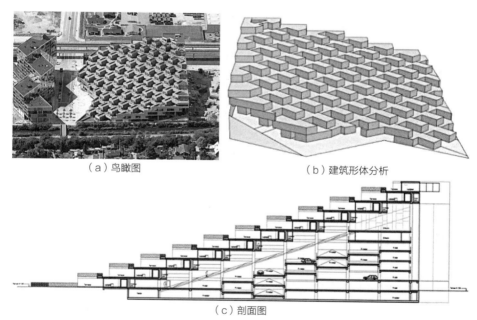

（a）鸟瞰图　　　　　　　　　　（b）建筑形体分析

（c）剖面图

图4-3-2 丹麦哥本哈根山形住宅

（图片来源：big建筑事务所. 丹麦哥本哈根山形住宅［J］. 城市建筑，2011（01）：50~55.）

本项目将停车场和公寓楼以竖向叠加的方式将这两项功能整合在一起。以层层退台的形式使每套公寓都配套设置向阳的屋顶花园。逐层退台式的山形楼体呈现出一种乡村花园住宅的居住体验。

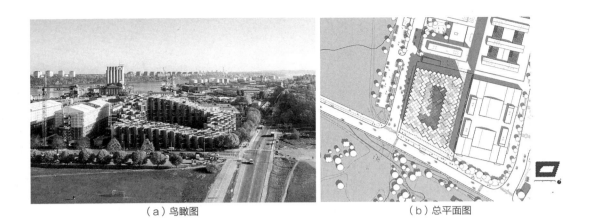

（a）鸟瞰图　　　　　　　　　　　　　　　　　（b）总平面图

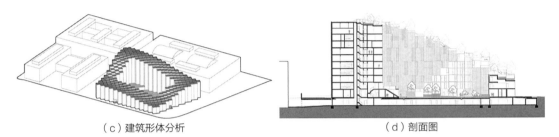

（c）建筑形体分析　　　　　　　　　　　　　　（d）剖面图

图4-3-3　79&PARK住宅区

（图片来源：big建筑事务所. 79&PARK住宅区 [J]. 城市环境设计，2019（02）：198-209.）

本项目采用由低到高、逐层退台的围合形式，为大部分住宅单元提供了开阔的视野，同时也使其围合庭院享有充足的日照。

（a）鸟瞰图

图4-3-4　退台方院

（b）内庭院入口

（c）内庭院入口　　　　　　　　　　　　　（d）方案模型

图4-3-4　退台方院（续）

（图片来源：OPEN建筑事务所. 退台方院［J］. 建筑学报，2015（05）：50-56.）

此项目为网龙公司员工宿舍一期工程，基地位于距海边不远的一片未开发的处女地，既没太多的周边环境，也没有明确的边界。OPEN的想法是通过创造一种内向的相对独立的"集体公社"，来树立强烈的社区意识。于是，三个方形合院状的建筑以不同的角度被安置在基地上。根据不同的风向和景观，三栋房子各自朝不同的方向退台，为居住者提供一系列共享的屋顶平台。同时也将本来完全封闭的内院朝四周的自然景观开放，既可观山也可望海。公社里的居民可以在这些风景优美的平台上共同享受他们工作之外的闲暇时光。交通流线设置在内院，并与所有共享平台相连。

2. 共享庭院住宅（图4-3-5~图4-3-8）

目前庭院式住宅可以分为独享庭院住宅和共享庭院住宅。独享式庭院住宅符合传统庭院空间的意象，但可能给节约有限土地资源和促进邻里交往带来负面影响。对此，共享庭院的发展提供了很好的补充，它能够增进街坊邻里之间的联系，形成"公共之家"的中心，构成一种新社区的网络系统，力争把人们从小的室内空间解放出来，为创造互助互爱的新型邻里关系创造了必要的物质条件。例如北京菊儿胡同改造工程（设计：吴良镛）是我国较早探索传统民居空间组合模式与当代住宅组群设计相结合的优秀范例，是典型的从空间角度对地域传统民居进行设计的作品（图4-3-5）。菊儿胡同用单元式楼层住宅围合成庭院，把现代的生活模式引入传统的历史街区，既方便市民生活，又增加了土地的利用率，由于院落空间的运用，使之与现代的单元式住宅有本质的不同。

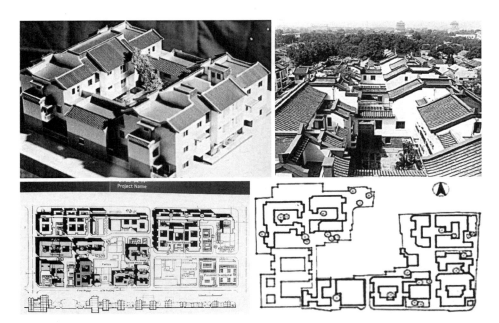

图4-3-5 北京菊儿胡同改造工程

（图片来源：徐小东. 我国旧城住区更新的新视野——支撑体住宅与菊儿胡同新四合院之解析 [J]. 新建筑，2003（02）：7-9.）

重新修建的菊儿胡同是按照"类四合院"模式进行设计的。所谓"类四合院"模式即抽取传统空间形态作为原型，用新材料、新理念创造的新的人居环境，并解决当时存在的一些问题。菊儿胡同规划的一个要点是整个街区向城市开放，沿街没有任何形式的围墙，街区内部通过鱼骨式的小巷相通，可以自由到达每个院落单元内部，这种开放式的街坊体系给城市交通和居民出行带来了便利。

图4-3-6 美国洛杉矶比弗利山丘庭院

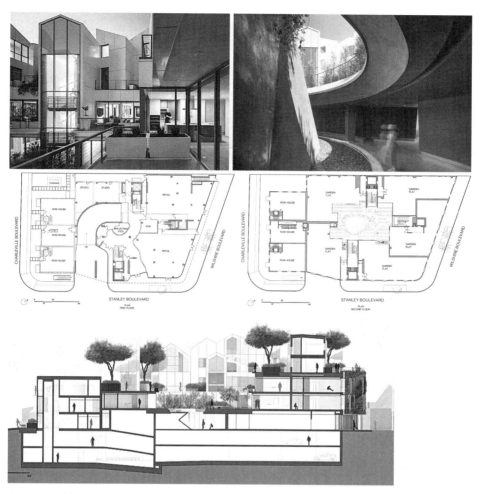

图4-3-6 美国洛杉矶比弗利山丘庭院（续）

（图片来源：马岩松；网络）

一座混合功能的街区，一层临街商业，18个坡屋顶造型的公寓单元此起彼伏地竖立在绿色平台之上，以洛杉矶标志性的山丘在城市环境中再现，并以多样形式不规则地点缀着墙面。由白色错落公寓围合成的庭院，其外侧沿街建筑立面被葱郁的绿植覆盖，而内侧每户都有面朝庭院的景观阳台，既保持着居住的"私密性"，又有着开放的公共空间。户与户既保护隐私的同时，又感受邻里守望的互动。

图4-3-7 西班牙111住宅（Building111）

图4-3-7 西班牙111住宅（Building111）（续）
（图片来源：Flores & Prats.Building111；网络）

这个容纳11户的住宅项目旨在成为一个促进邻里关系，增进项目了解的社会容器。该集合住宅提供了一系列公共空间来化解公众和私人领域的界限。建筑围合成的中央庭院就是一个社交平台，通过建筑形体的设计不仅使住户能看到院子，还能使住户避开邻居的视线，使隐私得以保护。地下停车场区域挖出一个下沉的庭院，为停车区引入自然光。在这个项目中，建筑、场地、景观、邻里的潜力被最大限度挖掘。

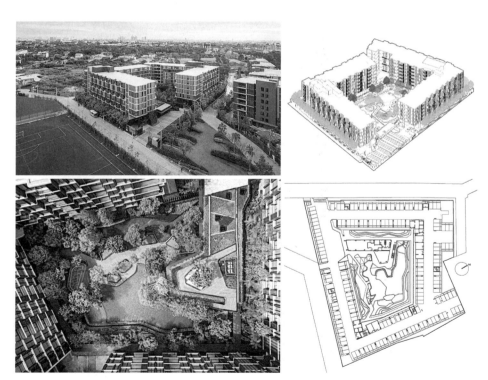

图4-3-8 泰国Mori Haus住宅

图4-3-8　泰国Mori Haus住宅（续）

（图片来源：SomdoonArchitects；泰国Mori Haus住宅；网络）

两栋七层高的住宅楼沿场地周边排布，以最大化保留中央花园的空间。一层的配套设施位于两住宅组团之间的开放空间，与三角形公共绿地建立起联系，创造丰富的场地高差。配套设施还担当着住宅区的"大厅"，居民从此穿过景观到达住宅楼。建筑师将配套设施与核心景观相融合，使居民充分享受公共空间。建筑的形状与景观设计的几何形相匹配，绿色屋顶与住宅楼层首层同高。

4.3.2　公共建筑

1. 教育类建筑庭院（图4-3-9~图4-3-13）

庭院是教育类校园建筑中常见的空间，是组成校园环境的重要场所。在传统的教育理念里，庭院空间只是师生的活动场所，并不属于教育空间的范畴，因此也往往忽略其所能提供的教育意义。传统意义上的校园庭院多指建筑体量所围合出的室外空间，如教学楼间庭院、组团中心庭院等，这类庭院往往通过精心的景观设计、多样的绿化给校园环境带来自然的气息。如今，随着教育理念的改变，人们越来越意识到庭院空间的重要性。学生可以在活动中和交流中得到教育、获得成长，庭院的设计和使用也逐渐受到重视。现代教育建筑以改变空间体验，并以空间体验来产生逻辑空间组合，实现公共化的交通空间体验。通过多维庭院空间营造从教室空间、走廊空间到活动空间、户外空间的互动与渗透，使整个校园从整体上实现空间的无间隙的对接，避免了消极空间的产生。

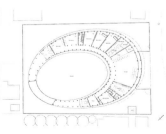

图4-3-9　日本吉野保育园

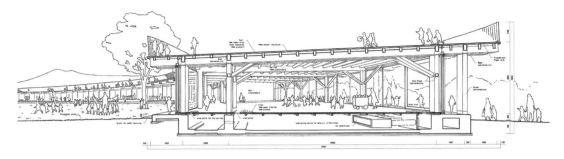

图4-3-9 日本吉野保育园（续）

（图片来源：手塚建筑研究所；摄影师：Katsuhisa Kida / FOTOTECA；网络）

吉野保育园的椭圆形屋顶有着优美的曲线，与下北的海岸相互呼应。屋顶只在它最南端的部分接触地面，在与地面齐平处，可以踏上屋顶并爬到顶部。借助一点帮助，即使轮椅也可以登上屋顶温和的斜坡。屋顶8%的坡度，不超过正常道路的斜度。然而这个小斜坡可以激发儿童奔跑的欲望，即使是那些在平地上没什么玩耍动力的孩子。

（a）鸟瞰图　　　　　　　　　　　　　　　　　（b）总平面图

（c）内庭院　　　　　　　　　　　　　　　　　（d）入口空间

图4-3-10 旭辉甜甜圈幼儿园

（图片来源：上海天华建筑设计有限公司；旋即而生/合肥旭辉甜甜圈幼儿园；建筑摄影：刘松恺、冯建、南西摄影、季欣；网络）

项目位于安徽省合肥市肥西县翡翠路与青年路的交叉路口，基地呈三角形，为了避免交叉路口等周边消极因素对于幼儿园（12个班）的使用产生不利影响，整体设计采用了围合式的形态布局。整体形态在不同的方位由不同高度的坡道整合，串通二层以及三层的屋顶，创造了一个连续的屋顶活动平台。孩子们在各层享受到室外活动场地的同时，可以不知不觉玩到下一层或者上一层，与更多的朋友交流互动。

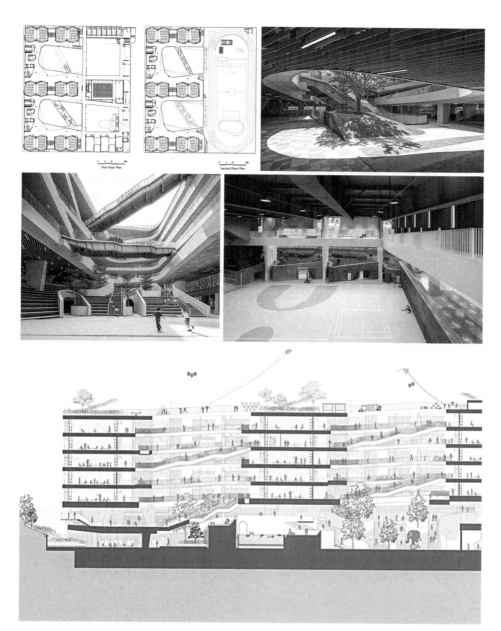

图4-3-11　深圳红岭实验小学

（图片来源：源计划建筑师事务所；网络；摄影：张超，吴嗣铭，黄城强）

超过24米的高层校舍在深圳小学建筑中已经被广泛采用，但相应的副作用是垂直方向的交通过多以及楼梯间需要被封闭和增加前室而阻隔了小学生们的交往。建筑师在红岭实验小学的设计中努力把建筑总高控制在24米以下，以创造水平交往和在建筑、景观空间上回应对儿童的身体和心理特点。教学建筑几乎满铺可以建设的用地，建筑分为东西高度不同的两个半区，平面上以两个镜像的"E"字形连接。西半区利用学习单元之间所必需的间距创造出两个曲线形边界的"山谷"庭院。庭院下沉至地下一层，结合由道路退缩距离中取得的边坡绿化，为地下一层的文体设施和餐厅空间争取充足的采光和自然通风。

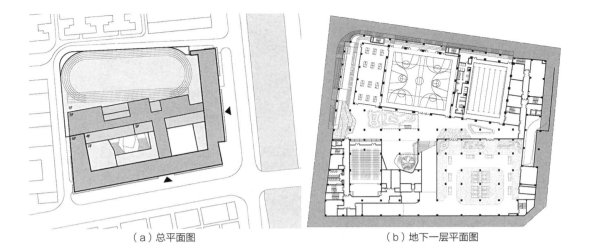

（a）总平面图 （b）地下一层平面图

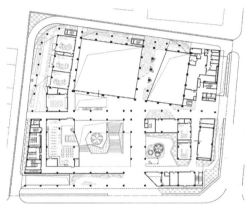

（c）一层平面图

图4-3-12 深圳市福田区新洲小学

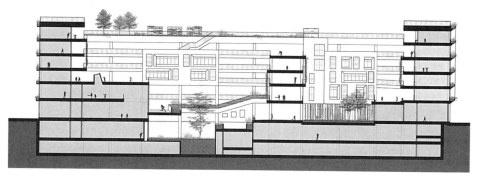

图4-3-12 深圳市福田区新洲小学（续）
（图片来源：东意建筑；摄影：陈维忠（绿风建筑摄影）；网络）

深圳市福田区新洲小学是探索在高密度城市建成区内的高容量学校新模式的成功案例。新建校园延
续旧校园的空间特征，宽大的活动连廊划分出东西两个开合有致的庭院。设计理念希望营造竖向叠
加接触自然的平层活动空间，服务学生课间行为。水平及竖向交通组织围绕两个庭院通过连廊形成
平层环流式活动空间系统。各层廊道、平台及小庭院的"虚"，与功能体量的"实"形成对话，构
成了尺度适宜、互动交融的庭院空间。

图4-3-13 浙江大学教育学院附属中学
（图片来源：范须壮，王豪，陈冰. 快而不乱，轻亦有质——浙江大学教育学院附属中学设计思考与展望
[J]. 当代建筑，2020（03）：141-143；摄影：章勇）

本项目通过架空、穿插、拼叠、错动、下沉庭院、屋顶花园等手法，使建筑本身成为联系校园众多
功能及区域的纽带。"鱼骨架式"的排列方式在空间上形成多个半围合式的庭院空间，丰富了校园
整个空间环境。

2．办公类建筑庭院（图4-3-14～图4-3-19）

办公建筑是指进行办公活动的建筑空间和场所。办公建筑的性质决定了其工作空间必须允许人员进行交互或独立工作的多重选择。因此，工作场所的气氛和条件必须具有吸引力，几乎要像家一样，因为很大一部分的工作区是注定要被设计成休息、沉思、社交甚至休闲的场所。这也决定了其庭院空间要具有多重功能，便于空间的利用以及人与人之间的无阻隔的交流、联系。

图4-3-14　诺华上海园区5号楼

（图片来源：张益凡. 标准营造. 诺华上海园区5号楼［J］. 建筑学报，2017（08）：42-47.）

设计基于一个细胞结构状的网格，它可以灵活地生产各种各样的空间，同时也赋予了建筑独特的外观。核心筒、庭院、会议室和内部楼梯都被设计成单独的小室，其间没有任何墙体或室内空间以直角关系相关。其一层的五个网格花园也遵循着整个建筑的基本空间构成模式，诠释了中国传统园林的内向性本质。在办公室内，这种空间构成模式又通过在透明立面围合的大空间中的五个不规则核心筒反向地表现出来。通过这种图与底的置换，内向的中国园林成了开放的当代办公空间，位于顶层的一系列开放庭院则与地面层的花园相互呼应。

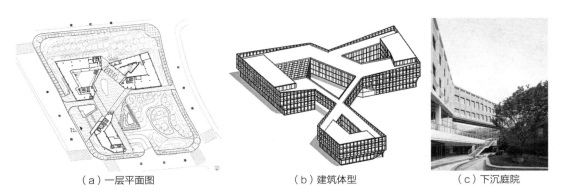

（a）一层平面图　　　　　（b）建筑体型　　　　　（c）下沉庭院

图4-3-15　上海宝业中心

（图片来源：零壹城市建筑事务所. 上海宝业中心［J］. 城市建筑，2017（28）：104-109.）

该项目形体围合成三个庭院，其中心庭院作为人流汇聚点最为开放，也是公众活动集中的场所；南面的庭院联系中心庭院和东侧的公园，是半开放的景观庭院；北侧的庭院是由建筑围合的水院，为办公提供静谧的场所。

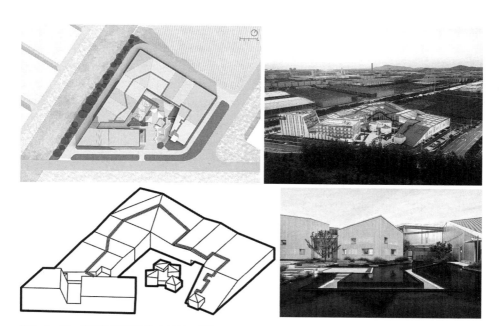

图4-3-16 浙江普利斐特生产基地一期组团

（图片来源：gad·line+studio，GLA建筑设计，存在建筑. 浙江普利斐特生产基地一期组团 [J]. 建筑学报，2020（07）：56-59.）

本项目由工厂、研究所、综合楼、会所、宿舍、食堂六大功能组成的半围合式建筑。设计师尝试探索与周边封闭化管理的园区形成差异化的方向，参照传统村落集体性劳作与日常生活的群居模式，挖掘其与周边陆续入驻的企业的互动可能，通过"流线重构"打造如游园般的空间体验，重塑一场"山舍"生活的集体记忆。

图4-3-17 雄安市民服务中心党工委管委会及雄安集团办公楼

（图片来源：孟建民，徐昀超，齐嘉川，符永贤，刘宏瑞. 雄安市民服务中心党工委管委会及雄安集团办公楼 [J]. 建筑学报，2018（08）：23-25.）

采用传统的"回"字形和"U"字形布局，使各个房间均有良好的日照和通风。庭院也为内侧房间带来了良好的观赏视野。

图4-3-18 5G+工业互联网国际创新中心

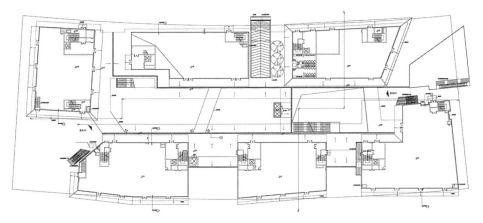

图4-3-18　5G+工业互联网国际创新中心（续）

（图片来源：CTA城镇设计；摄影：高峰、祁琳；网络）

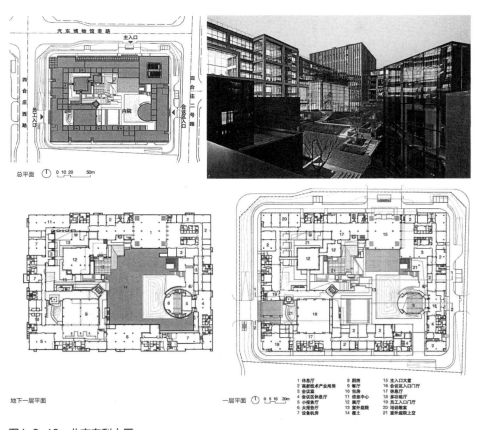

图4-3-19　北京专利大厦

（图片来源：中国建筑设计研究院有限公司. 北京专利大厦［J］. 建筑学报，2018（09）：78-82.）

3．商业类建筑庭院（图4-3-20～图4-3-22）

商业庭院空间是商业水平流线上的"共享空间"，也往往是大型综合体建筑群的重要组成部分。如果说单纯地把商业空间划分为直接发生商品交易带来经济利益的场所和不能够产生直接经济价值的场所，那么商业庭院空间显然属于后者，但庭院空间同时区别于其他辅助空间，在其商业建筑中的地位举足轻重。庭院空间成为人们感受商业环境的通视场所，可以为人们提供方位感。现代商业庭院空间满足交通集散的同时，也具有娱乐、休闲、展示、观演等功能。商业庭院空间作为开放性城市公共活动空间，为人们提供茶余饭后休闲娱乐的场所。

现代快节奏的生活使城市环境日益复杂，人们只能从大量信息中认知周围的环境。因此，各种宣传标识、符号化的设施是商业建筑空间环境中必不可少的重要设施之一。信息的获取与交流是商业环境作为城市公共活动中心极其重要的一项功能，买卖双方都需要借由信息来做出决策。因此，一方面要为人们提供环境的各种具体的信息，使其能够清楚地认知所处的空间环境，确定空间坐标，从而确定下一步行动。另一方面，还需要信息沟通的空间环境条件和必要的设施，这些是促进信息交流和信息处理功能的前提。商业庭院空间作为其非营业性的休息、引导、聚集人流和交往活动的空间，实际上是重要物质信息和非物质信息的交流场所，在提供休闲、交往的同时，也是举办各种展览、宣传商品的重要场所。

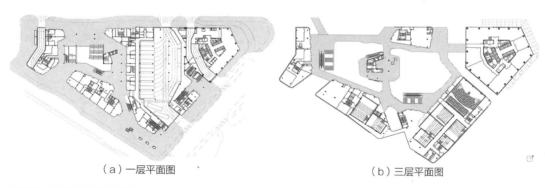

（a）一层平面图　　　　　　　　　　（b）三层平面图

图4-3-20　深圳汇港中心设计
（图片来源：斯蒂芬·平博里（SPARK思邦建筑），林雯慧（SPARK思邦建筑），艾侠（CCDI悉地国际）.上海宝业中心 [J]. 世界建筑，2017（07）：124-127.）

该项目由一个110米高的地标性办公塔楼和五个商业空间被廊道和露台相互连接，其中四个商业空间是汇聚在一个中心庭院周围的，从而创造出一个自然通风的购物和饮食休闲的目的性场所。该商业综合体还承担着城市交通枢纽的功能，由城市道路延伸到项目入口内的下沉式庭院，较高层的露台和活动广场，增进了城市体验的价值。地铁站、巴士总站、办公楼及相邻的蛇口海上世界项目之间的人流连接依照可渗透的入口平面进行规划。入口内部的实际联系和视觉联系协调一致，为参观者提供了轻松的导视和愉快的体验。

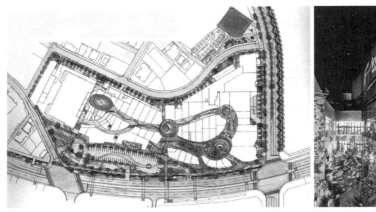

图4-3-21　日本Hashimoto Konoha购物中心

（图片来源：高迪国际出版有限公司．商业广场Ⅱ [M]．大连理工大学出版社，2012：231-232．）

本项目将庭院式内街引入商业，并用"水、植物"等自然元素与商业环境有机结合，创造出一种如在室外花园漫步的购物体验。

图4-3-22　广州天环广场

（图片来源：Benoy．广州天环广场 [J]．建筑实践，2019（09）：72-77．）

4．文化博览类建筑庭院（图4-3-23～图4-3-25）

　　文化博览类建筑的主要功能不是满足人们基础的生活需求，而是集收藏、展览、教育、交流、审美等高层次需求为一体的文化类建筑。因此，文化博览类建筑需要满足公众较高层级的需求，达到他们对审美、文化与自我实现的追求。这一高层级的需求就要求在进行庭院设计时，要以庭院的空间精神为设计要点，强调意境与氛围的营造，要给观众以独特的体验，与观众进行精神层面上的沟通。

　　如今的文化博览类建筑已经由藏品为导向转变为以观众为设计导向，庭院空间作为建筑内与人类联系最为紧密的外部微环境，空间品质直接关乎人在建筑中的体验与满意度，庭院设计在注意景观的同时应给参观者足够的关心。

在文化博览建筑中，绝大部分的庭院都是可达的，参与到整个参观流线，而有一部分庭院并不对外开放，仅作为景观庭院，参观者只能以经过而非贯穿的方式感受庭院的存在。与建筑内部空间相隔离的庭院主要功能是供观赏、烘托氛围、塑造某种特定的建筑精神。这就要求设计师有高超的设计技巧，既要让庭院吸引参观者的视线，又不能让庭院显得突兀，从而失去与主体建筑之间的关联。

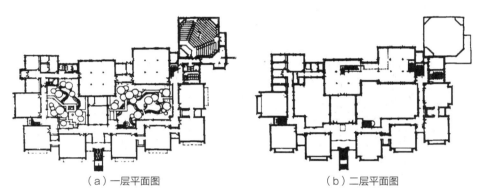

（a）一层平面图　　　　　　　　　（b）二层平面图

图4-3-23　桂林博物馆
（图片来源：何镜堂，李绮霞. 化整为零 融于山水——关于桂林博物馆的设计构思［J］. 建筑学报，1991（08）：51-54.）

以庭院为中心，将门厅、展厅、库房、办公等各功能空间依次围绕庭院进行展开、联系。

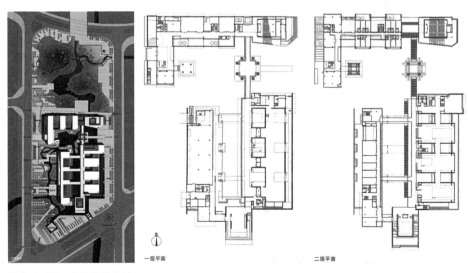

一层平面　　　　　　　　　　　　二层平面

图4-3-24　宁波帮博物馆

图4-3-24 宁波帮博物馆（续）

（图片来源：何镜堂，王扬，张振辉，黄瑜，陆超，黄翰星，何小欣，张广源. 宁波帮博物馆[J]. 建筑学报，2011（11）：36-42.）

宁波帮博物馆位于区域轴线绿化景观带的中段，主建筑群为"甬"字形结构，玻璃廊道结合水街长庭的"时光甬道"，从北向南贯穿整个建筑群，"甬道"与区域轴线迭合。

（a）总平面图	（b）一层平面图

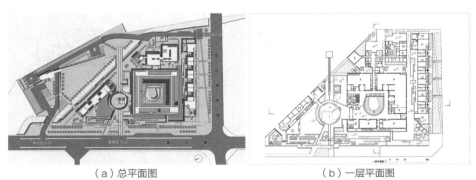

图4-3-25 承德博物馆

（图片来源：周恺·天津华汇工程建筑设计有限公司. 承德博物馆[J]. 建筑学报，2020（Z1）：112-116；摄影：魏刚）

基地位置特殊，处于古建筑和风景名胜的"环抱"之中——北临普宁寺、南靠避暑山庄、西望须弥福寿之庙及普陀宗乘之庙、东眺磬锤峰与安远庙，属于三级文物保护区，建设条件非常严苛，在一般规划部门的管控之外，还受国家文物局、河北省文物局等文物保护单位的层层制约，其中对建筑影响最大的制约条件为限高7米。在这样的限制条件下，第一步是对建设场所进行调整与组织。首先，将基地整体下挖，形成6米深的下沉庭院。在其边缘，受当地古建筑错落的台基形式的启发，做了层层跌落的台地，并用几组宽窄不一的坡道、台阶，通过折返转向将台地联系起来。让人在"拾级而下"的过程中，如同考古一般，不断发现、感受庭院空间和景致的变化。建筑则从新的"地面"起，向上布置两层，并结合庭院分散布局，形成良好的采光及通风效果，消除了常规地下建筑的封闭感。这样，建筑出地面的部分可以控制在7米以内，仿佛"藏"在环境中一样①。

---

① 周恺，吕俊杰. 与自然融合，于历史重生——承德民族团结清文化展览馆暨承德市博物馆设计[J]. 建筑学报，2020（Z1）：117-119.

5．旅馆类建筑庭院（图4-3-26～图4-3-29）

旅馆是为客人提供一定时间住宿和服务的公共建筑或场所，按不同习惯也常称为酒店、宾馆、饭店、度假村等。旅馆通常由客房部分、公共部分和后勤部分三大功能组成。

旅馆总平面布局随着基地条件、周围环境状况、旅馆等级、类型等因素而变化，根据客房部分、公共部分和后勤部分的不同组合可分为分散式、集中式和混合式。其中，分散式的庭院组合方式由多个设置不同功能的多低层建筑通过庭院、连廊等相互连接，形成平面水平展开布置的总体布局。

图4-3-26　青普丽江白沙文化行馆
（图片来源：堤由匡建筑设计工作室；https://tsuaa.jp/；摄影：广松美佐江、宋昱明（北京锐景摄影））

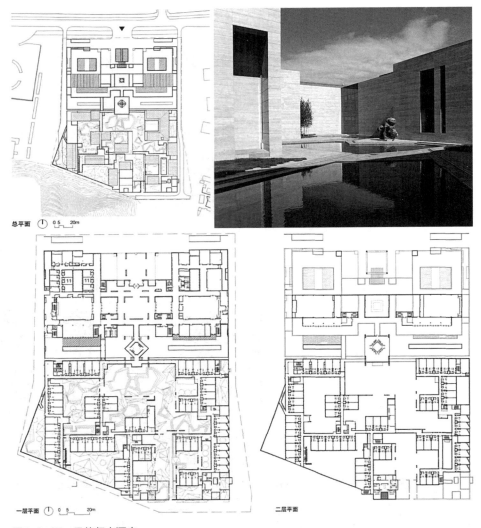

图4-3-27　承德行宫酒店

（图片来源：柴培根，王效鹏，周凯. 承德行宫酒店［J］. 建筑学报，2013（05）：66-70.）

图4-3-28　杭州良渚白鹭湾世贸君澜度假酒店

（图片来源：董丹申，陈帆，吴璟，钱海平，黄海. 杭州良渚白鹭湾世贸君澜度假酒店［J］. 建筑学报，2009（11）：44-47.）

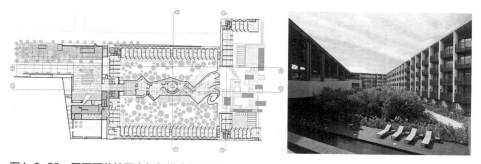

图4-3-29　墨西哥普拉亚卡门凯悦度假酒店
（图片来源：Sordo Madaleno Arquitectos；网络；摄影：Paul Rivera）

6. 医疗类建筑庭院（图4-3-30～图4-3-37）

医疗是人类维护身体健康、恢复劳动机能的场所，是人类生存繁衍与疾病抗争的重要阵地。医院的产生和发展受社会、经济、文化的深刻影响，并且与医疗技术和医学模式的演进息息相关，每一种医学模式的产生，必然要求建立与之相适应的医院建筑模式，从而推动并促进了医院建筑的产生、发展和不断完善。

庭廊式是由围绕庭院或中庭的通道来联系各科室，是围合与分散相结合的一种组合形式。

套院式主要用于一些大型或特大型的多层医疗建筑，因庭院空间的采用使其建筑具有良好的自然通风和采光，平面多呈"日""四""田""曲"等形式，形成较为复杂的套院式建筑。

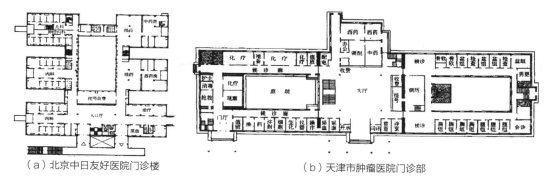

（a）北京中日友好医院门诊楼　　　　　（b）天津市肿瘤医院门诊部

图4-3-30　庭廊式布局
（图片来源：罗运湖. 现代医院建筑设计［M］. 北京：中国建筑工业出版社，2002.）

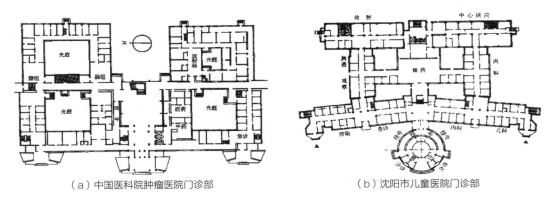

（a）中国医科院肿瘤医院门诊部　　　　　　（b）沈阳市儿童医院门诊部

图4-3-31　套院式布局

（图片来源：罗运湖. 现代医院建筑设计［M］. 北京：中国建筑工业出版社，2002.）

图4-3-32　空之森诊疗所

（图片来源：手塚建筑研究所；摄影：Katsuhisa Kida / FOTOTECA；网络）

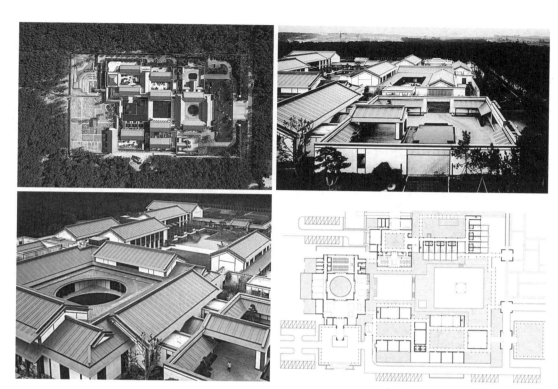

图4-3-33 威海国医院

（图片来源：GLA建筑设计. 威海国医院 [J]. 世界建筑，2012（S1）：30-34；摄影：姚力）

设计以类型化的方式梳理了中国院落的尺度、序列及构成方式，将之分解为四面围墙的院落、两边围墙两边建筑的院落，以及四边都是建筑的院落。根据场地条件，不同类型的院落在南北轴线和东西轴线上通过连廊形成衔接，从而还原出传统中式院落层层递进的洄游体验。

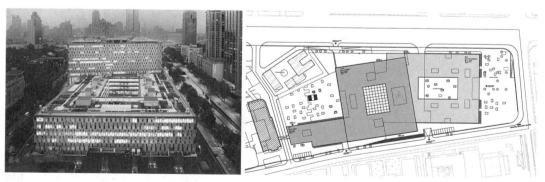

图4-3-34 南京鼓楼医院

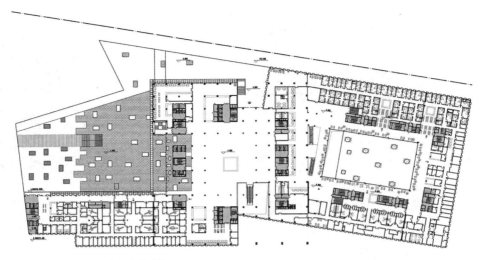

图4-3-34　南京鼓楼医院（续）

（图片来源：张万桑. 每个人的花园·南京钟鼓楼医院设计 [J]. 时代建筑，2013（06）：84-89；摄影：夏强）

鼓楼医院南扩项目位于南京市中心地区，基地面积为37900平方米，总建筑面积达230000平方米，是集住院、门诊、急诊、医技、学术交流等的综合性医院扩建项目。2003年开始设计，2012年竣工运营。在中国传统文化中，"医院"就是"医疗的院落"。花园是外部世界与家的界限，走进了花园也就隔绝了外部世界的烦扰，身心便得以放松。将医院花园化，不仅具有感官上的美感，更重要的是带给人心灵的抚慰。从六个大庭院，到三十余个采光井，再到每扇窗前的一抹绿色，花园渗透到建筑的每个细部。设计者将传统意义上的花园解构为细小的单位，编织成建筑的表皮肌理，整个系统立体而丰满，使医院成了花园的载体。

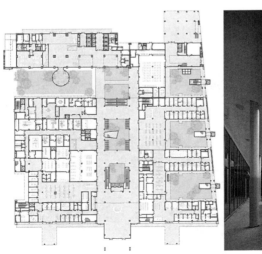

图4-3-35　深圳市宝安区妇幼保健院

（图片来源：华阳国际设计集团；摄影：夏强）

图4-3-36　埃斯波医院

（图片来源：司马蕾. 埃斯波医院，埃斯波，芬兰［J］. 世界建筑，2012（03）：72-75.）

K2S的设计以其独特的"兰花"造型赢得了芬兰埃斯波国际建筑竞赛两个阶段的第一名。评委会认为获奖作品是"一个充满活力和让人感受到健康的中心，没有一丝机构化的感觉"。

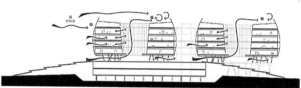

图4-3-37　越南胡志明市平政县1000床位儿童医院

（图片来源：吴洁琳. 平政县1000床位儿童医院，胡志明市，越南［J］. 世界建筑，2012（06）：106-108.）

越南卫生部儿童医院的有机设计与传统的医院布局不同，它围绕花朵的概念展开。总体的方案充分整合了建筑和工程技术，创造出一个不仅有助于身体恢复而且顾及患儿心理的康复环境。这个花一样的医院展现出强烈的可识别性，并增强了建筑的整体方向可辨性。

◈ 参考文献

[1] 彭一刚. 中国古典园林分析 [M]. 北京：中国建筑工业出版社，1986.

[2] 陈植. 陈植造园文集 [M]. 北京：中国建筑工业出版社，1988.

[3] （日）大桥治三. 日本庭院造型与源流（上）（下）[M]. 日本：凸版印刷株式会社，1998（日文原版）.

[4] 岭南建筑丛书编辑委员会. 莫伯治集 [M]. 广州：华南理工大学出版社，1994.

[5] 陈志华. 外国建筑史（第二版）[M]. 北京：中国建筑工业出版社，1997.

[6] 林兆璋. 林兆璋建筑创作手稿 [M]. 北京：国际文化出版公司，1997.

[7] 王天锡. 贝聿铭 [M]. 北京：中国建筑工业出版社，1990.

[8] 侯幼斌. 中国建筑美学 [M]. 哈尔滨：黑龙江科学技术出版社，1997.

[9] 罗运湖. 建筑设计指导丛书——现代医院建筑设计 [M]. 北京：中国建筑工业出版社，2002.

[10] 潘谷西. 中国建筑史（第五版）[M]. 北京：中国建筑工业出版社，2003.

[11] 娄承浩，薛顺生. 老上海石库门 [M]. 上海：同济大学出版社，2004.

[12] 梁思成. 中国建筑史 [M]. 天津：百花文艺出版社，2005.

[13] 李允鉌. 华夏意匠——中国古典建筑设计原理分析 [M]. 天津：天津大学出版社，2005.

[14] 彭一刚. 建筑空间组合论（第三版）[M]. 北京：中国建筑工业出版社，2008.

[15] 王其钧. 图解建筑史系列——中国民居 [M]. 北京：中国电力出版社，2008.

[16] 《世界住宅图鉴》编辑部. 世界住宅图鉴 [M]. 西安：陕西师范大学出版社，2008.

[17] 张文忠. 公共建筑设计原理（第四版）[M]. 北京：中国建筑工业出版社，2008.

[18] 李乾朗. 穿墙透壁：剖视中国经典古建筑 [M]. 桂林：广西师范大学出版社，2009.

[19] 王晓俊. 风景园林设计（第三版）[M]. 南京：江苏科学技术出版社，2009.

［20］胡正凡，林玉莲．环境心理学（第三版）［M］．北京：中国建筑工业出版社，2012.

［21］王贵祥．匠人营国——中国古代建筑史话［M］．北京：中国建筑工业出版社，2013.

［22］刘洪涛．中原建筑大典．20世纪建筑［M］．郑州：河南科学技术出版社，2013.

［23］中华人民共和国住房和城乡建设部．中国传统民居类型全集［M］．北京：中国建筑工业出版社，2014.

［24］郭立群．东西之间：贝聿铭建筑思想研究［M］．北京：中国建筑工业出版社，2017.

［25］中国建筑学会．建筑设计资料集（第三版）第1分册［M］．北京：中国建筑工业出版社，2017.

［26］田汉雄等．上海石库门里弄房屋简史［M］．上海：学林出版社，2018.

［27］马炳坚．北京四合院建筑［M］．天津：天津大学出版社，2020.

［28］BIG建筑事务所．BIG建筑事务所作品集［M］．鄢格译．沈阳：辽宁科学技术出版社，2011.

［29］日建设计站城一体开发研究会．站城一体开发——新一代公共交通指向型城市建设［M］．北京：中国建筑工业出版社，2014.

［30］中国建筑学会《建筑学报》编辑部．建筑学报各期。

［31］北京建院建筑文化传播有限公司《建筑创作》编辑部．建筑创作各期。

［32］深圳大学《世界建筑导报》编辑部．世界建筑导报各期。

［33］河南省建筑学会编辑委员会．中州建筑各期。